项目资助:

四川省科技厅科技计划项目《网络安全科普知识》
（项目编号：2024JDKP0135）

教育部人文社会科学研究专项任务项目（高校辅导员研究）
《基于大数据的辅导员精准思政路径研究》
（项目编号：21JDSZ3142）

大学生网络安全

《《《 案例解析 》》》

黎红友　著

四川大学出版社
SICHUAN UNIVERSITY PRESS

图书在版编目（CIP）数据

大学生网络安全案例解析 / 黎红友著. -- 成都：
四川大学出版社，2024. 7. -- ISBN 978-7-5690-7071-2

Ⅰ. TP393.08

中国国家版本馆 CIP 数据核字第 2024CB5710 号

书　　名：大学生网络安全案例解析
　　　　　Daxuesheng Wangluo Anquan Anli Jiexi
著　　者：黎红友

选题策划：王　睿
责任编辑：王　睿
责任校对：周维彬
装帧设计：墨创文化
责任印制：王　炜

出版发行：四川大学出版社有限责任公司
　　　　　地址：成都市一环路南一段 24 号（610065）
　　　　　电话：（028）85408311（发行部）、85400276（总编室）
　　　　　电子邮箱：scupress@vip.163.com
　　　　　网址：https://press.scu.edu.cn
印前制作：四川胜翔数码印务设计有限公司
印刷装订：四川煤田地质制图印务有限责任公司

成品尺寸：170mm×240mm
印　　张：7.25
字　　数：142 千字

版　　次：2024 年 7 月 第 1 版
印　　次：2024 年 7 月 第 1 次印刷
定　　价：58.00 元

扫码获取数字资源

四川大学出版社
微信公众号

前　言

　　互联网为教育、商业、娱乐等领域提供了无限的可能性,成为现代社会中不可或缺的一部分。随着互联网的普及和公众对互联网依赖程度的增加,我们享受着互联网带来的便利,同时也承担着网络安全风险的压力。网络安全问题日益凸显,给人们的生活、学习和工作带来了诸多挑战和威胁。从网络诈骗到个人隐私泄露,从恶意软件攻击到网络身份盗窃,大众的生命财产安全时刻都有可能受到威胁。尤其是对于当代大学生群体,网络安全的重要性更加凸显。在学习、工作和生活中,大学生频繁使用网络,而网络安全问题给他们带来了诸多潜在的威胁和挑战。没有网络安全,就没有国家安全。网络安全是国家安全的重要组成部分,关系着民生、关系着国家稳定,更关系着社会的长远发展,维护网络安全既是国家责任也是公民义务。

　　首届国家网络安全宣传周于 2014 年 11 月 24 日至 30 日举办,第十届国家网络安全宣传周开幕式于 2023 年 9 月 11 日在福州举行。国家网络安全宣传周旨在提升全民网络安全意识和技能,虽然每年只有一周的集中宣传时间,但网络安全问题却值得社会高度重视。目前网络安全宣传素材相对零散、不成体系,并且网络安全案例普及类读物较为缺乏。习近平总书记在主持中共中央政治局第十三次集体学习时强调,要注意把我们所提倡的与人们的日常生活紧密联系起来,在落细、落小、落实上下功夫,让人们在实践中感知它、领悟它。因此,撰写《大学生网络安全案例解析》,旨在进一步推进针对大学生的网络安全宣传工作落细、落小、落实,意义重大。

　　全书包含两大模块:案例篇与技能篇。案例篇包括视频裸聊诈骗、网络刷单诈骗、助学贷款诈骗等 10 个诈骗案例。每个案例都从真实的事件出发,对概念进行解读,对危害进行理性认知,对诈骗及受骗原因进行剖析,对诈骗套路进行甄别与识破,以及提出实际可行的防骗策略,旨在帮助大学生深入理解网络安全问题的本质和复杂性。技能篇包括账号安全防范、公共网络安全使用、钓鱼网站识别等 5 个网络安全技能。每个技能都聚焦网络安全知识的分析,以引导当代大学生科学掌握应对网络安全问题的方法和技巧。

本书提供了一个深入了解大学生面临的网络安全挑战和问题的机会,并为采取有效的防范措施提供了重要的理论参考和实践指导。通过案例解析,认识网络安全风险和威胁,学习网络安全防范措施,培养大学生解决问题的能力并强化大学生的网络安全意识。本书具有鲜明的时代特征,坚持"贴近生活、贴近实际、贴近群众"的原则,理论和实践有机结合,图文并茂,语言简练易懂,将发生在大家身边的网络安全典型案例与网络安全知识相结合,以喜闻乐见的方式对大学生进行网络安全知识和网络安全防护技能普及,筑牢网络安全防线。

本书在编写过程中得到了四川大学网络空间安全学院领导和同事的多次指导和建议。在此,一方面感谢学院党总支书记秦燕对我工作上的长期关心指导和对本书提出的中肯意见;另一方面,感谢办公室的同事,本书引用的很多大学生网络安全案例均来自大家平时开展的网络安全教育。

新时代大学生网络安全工作是一项复杂的系统性工程,需要汇聚学生、家长、学校及社会等多方合力,通过加强日常教育、强化技术保障、健全管理制度等手段,提升大学生的网络安全意识和能力,从而为构建安全可靠、健康文明的网络环境做出积极贡献。希望本书能起到抛砖引玉的作用,继续推动同行对大学生网络安全教育展开深入研究。由于个人的水平有限,书中难免存在不妥之处,恳请读者给予批评指正。如有问题请直接与作者联系,电子邮箱:lihongyou@scu. edu. cn。

著 者

2024 年 5 月

目　　录

第一部分　案例篇

第二部分　技能篇

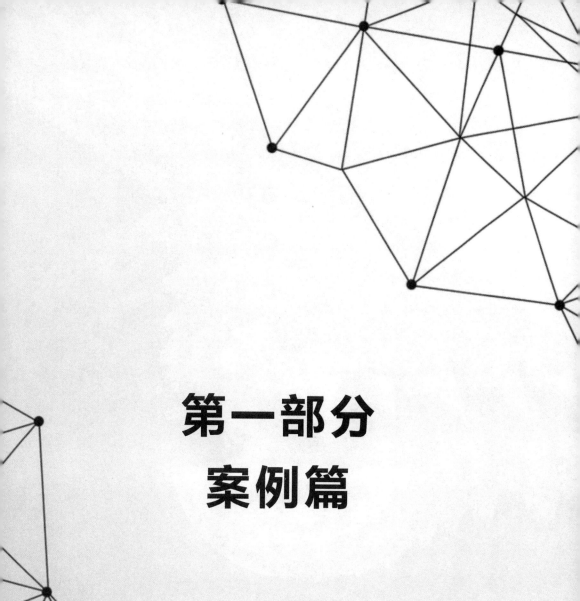

第一部分
案例篇

案例一:视频裸聊诈骗

案例①:

2022 年 3 月 3 日上午,某学校保卫处报警反映学校一名学生可能遭遇了电信网络诈骗,上海市公安局崇明分局陈家镇派出所民警立即前往。见到心有余悸的学生小陈后,民警一边安抚其情绪,一边耐心询问详情。

原来,3 月 2 日上午,在常用的聊天软件上,有一社交账号名为"彼岸花"的人与小陈添加了好友,而这个"彼岸花"和小陈同在一个校外辅导群里,对方申请添加好友的理由是想要一份群里之前发过的学习资料,小陈便通过了对方的好友申请,并发送了相关资料。聊天过程中,对方发起了视频聊天,可小陈接受后对方却是黑屏状态,且小陈的脸刚显示出来,对方就关闭了视频。接着,对方又发给他一个 App 的安装包,称该 App 内有最新的辅导资料。小陈按照对方的要求安装了这款 App。

小陈登录该 App 后,却发现这是个成人视频 App,吓得小陈马上退出并删除了该 App。就在这时,"彼岸花"将一张裸露身体的不雅照发给小陈,不雅照的脸部正是之前视频聊天时小陈的画面截图,接着"彼岸花"向小陈索要 3000 元人民币,并发来一张小陈手机通讯录的截图,声称如果不转账就将这张不雅照发给小陈通讯录内的联系人。紧张、恐惧、无助一下子涌上小陈的心头,他开始坐立不安、不知所措,纠结是否要"破财消灾"。此时他想起之前派出所民警到学校开展过的反诈宣传有相似内容,于是小陈马上与学校保卫处取得联系并报警求助。

根据小陈的描述,在查看了相关聊天记录后,民警判定这是一起裸聊类电信网络诈骗案件的变种案件。民警随即安抚小陈,向他讲解这是电信网络诈骗中常见的手法,对方发来的恶意 App 会盗取受害人的通讯录信息,在之前的视频聊天中,对方会截取受害人脸部照片,再合成不雅照,进而要挟受害人转账,但就

---

① 中国青年网:《视频裸聊敲诈案件频发 诈骗套路是这样的》,https://news.youth. cn/sh/202203/t20220320_13544323.htm.

算给对方转了钱,对方也不会删除照片,只会让受害人不断打钱,甚至就算无力支付,诈骗分子也会要求受害人借款、贷款,直至"榨干"受害人钱财,因此不转账、快报警是正确的选择。在民警的劝慰下,小陈的情绪逐渐舒缓下来,顾虑也打消了。

目前,崇明警方正在对该社交软件账号开展进一步追查工作。

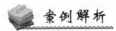 **案例解析**

一、概念解读:何为视频裸聊诈骗

视频裸聊是指在视频 App 聊天或者视频通话时,将身体的部分或者全部暴露在摄像头前,在网络上"坦诚相见"。视频裸聊诈骗是通过网络进行的一种不道德、不合法的行为,通常以露骨或不当的言论、图像和视频的传输来获取聊天对象的信任,以骗取他们的视频、图像以及通讯录等敏感信息,进而进行敲诈勒索,是一种比较典型的网络诈骗行为。

进行视频裸聊诈骗的人群主要有四种:第一种是专业诈骗团伙,这些团伙通常有组织、有计划地进行视频裸聊诈骗,他们可能会使用假身份、虚假情感或其他手段引诱受害者进行裸聊,并在后续阶段实施诈骗行为;第二种是个人诈骗分子,他们利用视频裸聊诱骗受害者,目的是获取金钱、财物或其他利益;第三种是技术手段诈骗分子,他们可能利用技术手段进行视频裸聊诈骗;第四种是虚假服务提供者,他们可能假装提供裸聊服务,引诱受害者进行视频裸聊,然后以各种理由收取费用或进行诈骗。这些诈骗分子可能利用不同的诈骗技巧或者诈骗手

段,但目的都是通过视频裸聊诈骗非法获利。

对于视频裸聊诈骗,用户应时刻提高警惕,不要轻信陌生人,同时加强对网络诈骗的了解和防范。本案例中"彼岸花"是一个典型的技术手段诈骗分子,大学生小陈就不小心掉入了"彼岸花"精心设计的视频裸聊骗局之中。

二、理性认知:正确认识视频裸聊危害

视频裸聊是危害网络安全的毒瘤之一,很多人因为视频裸聊而栽跟头。尽管本案例探讨的是在校大学生小陈,但是视频裸聊受害者的年龄跨度很大,从青少年到中老年人都有。视频裸聊可能带来多方面的危害,特别是会对受害者的个人隐私安全、心理健康等造成不良影响。视频裸聊的危害主要如下。

1.泄露个人隐私

在视频裸聊过程中,受害者会极大程度地泄露自己的隐私信息,如脸部图片、家庭地址、电话号码等。这些信息可能会被记录下来并在网络上传播,导致个人隐私泄露,对个人声誉造成负面影响。同时,这些信息可能会被视频裸聊诈骗分子利用,给个人生命财产安全带来极大隐患。

2.危害心理健康

视频裸聊可能导致受害者出现心理健康问题,包括焦虑、压力增加、沮丧、自尊心受损以及产生羞耻感等。

3.违反法律法规

参与或传播淫秽、暴力等内容的视频裸聊是被明令禁止的非法行为。违反相关法律法规可能会导致严重的法律后果。

三、原因剖析:视频裸聊受骗原因

1.好奇心和诱惑

人不怕有欲望,就怕不能克制和管理欲望,从而沦为欲望的奴隶。欲望本身并不是坏事,它是人类的基本情感之一,可以促使我们前进、成长和实现目标。然而,如果人不能控制和管理欲望,它们就可能变成弱点,影响人的判断力,从而使人做出错误的行为。一些人可能因为好奇或被虚假宣传吸引,可能被看到或体验到的一些不寻常或刺激的内容诱惑,从而参与视频裸聊。

2.心理空虚或寂寞

心理空虚或寂寞是现代社会中常见的心理状态,是由个人生活、工作、社交等方面的缺失或不足所导致的。这种状态可能会影响个体的行为和心理健康。有些人可能处于心理空虚或寂寞状态,期望通过视频裸聊来获得情感上的满足或寻求关注和陪伴。

3.恋爱经历偏少,理性甄别能力较弱

一般而言,刚从高中迈入大学校园的学生或多或少都存在恋爱经历不足的特征。但正处于青春年少的他们,内心深处又对甜蜜纯真的恋爱充满了期待和渴求,由此衍生出的情感欲望也随之增多。他们十分渴求在与他人的交往沟通中建立亲密关系,加之大学生心智尚未完全成熟和稳定,对于网络上的诈骗分子的理性甄别能力还有待提升。因此,一旦出现诱骗大学生坠入裸聊骗局的情形,很多大学生都难以在第一时间甄别,因而容易陷入裸聊圈套。

4.视频裸聊诈骗的手段越来越高明

视频裸聊诈骗分子会综合应用技术手段和社交软件,在获取个人全方位信息的基础上,通过建立信任来进行视频裸聊,进而实施诈骗等非法行为,让人防不胜防。

四、火眼金睛：甄别与识破视频裸聊诈骗套路

视频裸聊的骗局总是让人防不胜防，有不少大学生一不小心就掉入裸聊诱惑的骗局之中。通过对上述案例的分析探讨，我们可以总结出视频裸聊的诈骗套路，一般分为以下四个步骤。

1.广泛撒网寻找猎物

诈骗分子通过技术手段或者非法途径购买受害者的身份信息，包括但不限于姓名、手机号码、身份证号码、家庭住址、家庭成员情况、各类社交媒体账号、就读学校、兴趣爱好等。诈骗分子通过这些信息，能够更加深入地了解和更快速地接近受害者。等获取足够多的信息，诈骗分子便开始进行撒网布局。例如通过微信、QQ、抖音、B站等社交软件与受害者频繁聊天，以逐步获取受害者的信任；更有甚者在聊天的时候投其所好，使得双方的关系逐渐"升温"。

2.诱导安装 App

通过初步的接触和交谈以后，诈骗分子就会通过微信、QQ 等网络社交软件给受害者发一些极具迷惑性或暗示性的话语、表情、图片等，一旦各方条件均被满足，诈骗分子就会逐步引诱受害者下载安装相关 App 进行视频裸聊。事实上，这个所谓的"裸聊 App"就是一个能窃取受害者手机或电脑通讯录的木马病毒程序，一旦受害者下载安装该裸聊 App，其手机或电脑上的通讯录信息就会被诈骗分子获取和利用。

3.开启裸聊录制视频

对方发来的不雅或者露骨的视频，其实是诈骗分子事先有意录制好的裸聊小视频，旨在逐步诱导受害人"上钩"。大学生群体如若禁不住诱惑，便会在诈骗分子的精心布局下一步步掉入裸聊骗局。此时诈骗分子就会趁机在受害者不知情的情况下留存其不雅的照片、语音或视频，为后续的诈骗行为做准备。

4.威胁群发进行敲诈

诈骗分子通过保存的"裸聊证据"对受害人进行敲诈勒索，要求受害人转账汇款。倘若受害者拒绝，诈骗分子就会原形毕露，声称如果不转账，就不会删除相关的裸聊视频。如果此时诈骗分子还未得逞，就会威胁对方，把相关视频群发给受害人的亲戚、朋友、同学，并逐步扩散到网络上。此时绝大多数受害人即使

已经认清了裸聊骗局,也会为了保全个人名誉而不得不转账汇款,被诈骗分子操控,甚至去各大网络平台借贷转账。

五、防骗策略:防范与应对视频裸聊诈骗

随着网络视频的发展,视频裸聊日益成为"网络色情"的新变种。近年来,在校大学生视频裸聊被骗的案件持续发生,诈骗分子利用网络平台、手机短信等进行各类视频裸聊诈骗,给受害人造成不同程度的财物损失。因此,为防范与应对视频裸聊诈骗,大学生可以从以下几个方面着手。

1. 全面了解视频裸聊诈骗的常见手法

视频裸聊诈骗一般有两种常见类型。一种是敲诈勒索类裸聊诈骗。这种诈骗通常是诱导受害人进行裸聊,然后在聊天过程中录制受害人的不雅视频,以此威胁受害人并索要钱财。这种行为不仅侵犯个人隐私,还可能导致受害人产生心理压力甚至自杀。另一种是视频类裸聊诈骗。这类诈骗往往以免费观看色情视频为诱饵,诱使受害人下载恶意软件或提供个人信息,从而窃取受害人的财物。

2. 有效采取防范举措,保护自身安全

(1)要对"钓鱼"网站有清醒的认知,切忌点击任何来历不明的链接,也不要使用任何二维码下载陌生 App,要对需要个人信息的地方保持高度警惕,不随意留下个人信息,以防被诈骗分子利用进而实施诈骗。(2)谨慎设置隐私权限,注重提升密码设置强度以保护账号安全,防止个人信息泄露。(3)要对诈骗分子的花言巧语有清晰认知,在网上的虚拟世界中要守住道德底线和安全防线,让诈骗分子无可乘之机。(4)当遭遇视频裸聊诈骗时,要保持冷静,果断与对方断绝联系并留存好 App、聊天记录以及转账记录等重要信息,及时报警。

3. 着力提高防范意识,避免上当受骗

(1)坚持文明上网、健康生活,保持积极向上的心理状态,自觉抵制网络上的低俗信息,不给诈骗分子任何机会。(2)对于陌生人的好友请求和私信,要提高警惕,不轻易添加好友,确认对方真实信息后,方可添加。(3)遇到可疑情况时,一定要及时与家人、朋友、同学沟通,寻求科学的建议和帮助;遇到危险时,报警求助。

　　概言之,防范与应对视频裸聊诈骗需要多措并举、多管齐下,大学生要学会保护个人信息、提高网络安全意识、学会拒绝诱惑、遇事冷静应对、及时报警并防止问题进一步恶化,共同营造一个安全文明、风清气正的网络环境。唯有如此,才能有效抵御视频裸聊诈骗的危害,维护自身合法权益。

案例二:网络刷单诈骗

案例 A:女大学生刷单赚钱,上演真实版《孤注一掷》[①]

晗晗是首都经济贸易大学的大二学生,刚开学没多久,晗晗就在微信上认识了一个"新朋友",两人聊了几天后,对方说自己是专门帮高校学生介绍兼职工作的,可以帮晗晗赚点零花钱,而且还不影响上学。晗晗听后很心动,但她没想到,自己正一步步走进骗子精心设下的陷阱。

对方将晗晗拉进一个高校兼职群,群中信息表示关注、点赞微信公众号就能赚钱。晗晗也加入其中,当天,她就收获了 20 多元的返利红包。接下来几天,晗晗在群里干得热火朝天,收到了共 200 多元的红包。

在晗晗做了近十单任务后,群里发布公告,接下来的任务只有下载某 App 才能完成,之后群里发布了 App 的下载链接。晗晗下载 App 后又被拉进了一个新群,群里发布了代付商品的任务,这单任务需要垫付 2000 元钱去代拍商品,事后商家会返还本金加奖励共近 3000 元钱。

晗晗把两个月的生活费都转到客服提供的银行账号中,对方却说晗晗由于做联单任务遭到了平台监测,必须再转 3000 元钱才能解冻。晗晗继续给客服转账时,首都经济贸易大学反诈中心监测到了晗晗正在给诈骗分子转账,连忙对晗晗进行了拦截。原来晗晗遭遇的是刷单返利诈骗,她下载的 App 是诈骗分子设计的。

2023 年 9 月 14 日,北京市公安局丰台分局反诈中心和反特巡支队的民警走进首都经济贸易大学,对该年秋季入学的全体 5800 余名学生开展了安全教育和应急技能培训。

---

① 光明网《北京警方紧急公布案例:女大学生刷单赚钱,上演真实版〈孤注一掷〉》,
https://m.gmw.cn/2023-09/21/content_1303520475.htm.

案例 B：女子刷单被骗 27 万元，诈骗和被骗过程都相当典型①

受害人王女士称，自己平时喜欢网购，热衷于参加一些商家"薅羊毛"的活动。上周，有个自称"业务员"的陌生人申请添加王女士为微信好友，随后将其拉入一个微信群，群内不时有人分享获得收益的截图。几天之后，王女士也有些心动，询问如何赚取收益。没想到任务出奇简单：只需要通过群里的链接进入"淘宝店铺"并截图，再将截图发回群内，就能获得 2～5 元不等的佣金。王女士按要求进行操作后，果然获得了佣金。赚取了几十元佣金后，王女士被告知任务有上限，必须通过"专业渠道"才能赚取更多的佣金。接着，"业务员"发来一条链接，以涉及商业秘密为由，要求王女士点击链接下载一款"某惠"App。

王女士没多想，当即按要求下载安装 App，并完成了注册。很快，"业务员"通过"某惠"App 联系上王女士，并将其拉入一个"活动总群"中。"业务员"告知王女士，群里会发公司派出的任务，只需按要求进行简单操作就能赚取佣金。随后，"业务员"又发来一条链接，要求王女士通过链接下载一款"电商"App 用来做任务。王女士见群里不时有人晒出佣金，就通过链接下载了"电商"App 进行尝试。"业务员"又发来"公司账户"，要求王女士"充值"，以便继续做任务。

得知需要"充值"，王女士犹豫起来。不过，看着"活动总群"不时有人晒出自己赚取的"巨额收益"，王女士还是决定先少量"充值"试试。王女士先"充值"了 350 元，在"某惠"App 领取任务后通过"电商"App 进行操作，十几分钟后就收到了 488 元的收益。王女士见投资少、回报高，加之操作简单，就准备继续做任务。可是，系统却提示当天任务已经结束，第二天才能继续。

第二天上午，"业务员"询问王女士是否想赚取"巨额佣金"，王女士当即表示有兴趣。随后，王女士先后十余次向不同的"公司账户"转账"充值"共计 27 万余元做任务。任务做完了，"巨额佣金"却始终没到账。系统提示，由于王女士操作失误，账户被冻结。"业务员"告知王女士，必须继续"充值"做任务才能激活账户、解冻资金。王女士没钱了，一时不知如何是好。正巧这时家人回来了，得知情况后，家人怀疑王女士被骗。王女士要求"业务员"归还 27 万余元的资金，对方却根本不理睬。随后，王女士发现自己被"业务员"删除了好友，且 App 无法登录，微信群也解散了。王女士发觉被骗，随即到派出所报了警。

---

① 光明网：《女子刷单被骗 27 万元，诈骗和被骗过程都相当典型》，https://m. gmw. cn/2023-08/17/content_1303484308. htm.

案例 C:刷单返利类诈骗①

邵某在微信群内看到"免费送礼品,点赞评论返佣金"的信息及二维码,扫码联系上客服并按要求下载了一款 App,随后在 App"接待员"的指导下做刷单任务,完成 5 单小额任务后收到了对应的佣金,并可将其全部提现到银行卡中。邵某遂开始认购金额更大的组合任务单,投入总本金 11 万元。但按要求完成任务后却发现已无法提现,App"接待员"称邵某操作失误造成"卡单",要再做一次组合任务才能提现,邵某此时才发现被骗。

 案例解析

随着移动互联网的普及,人们越来越依赖网络进行购物、社交等活动。然而,网络的匿名性和隐蔽性也为诈骗分子提供了便利,他们可以通过网络平台轻易地发布虚假信息、伪装身份,实施诈骗行为。网络刷单诈骗是一种利用虚假交易或人工操作来骗取不当利益的行为。这种诈骗手法通常涉及虚假交易、刷单操作、虚假评价等,其目的是获取不当利益。网络刷单诈骗受害者多为在校大学生、低收入群体及无业人员。

一、概念解读:网络刷单诈骗的含义、类型及特点

1. 含义

网络刷单是一种非法的商业模式和营销行为,通常涉及虚假宣传和欺诈。网络刷单是指通过虚假交易或人工操作,以非正常手段提升交易量、信誉度等指标,从而获取商业或平台奖励、提成或其他不当利益的行为,其在本质上也是一种网络诈骗行为。当前,网络刷单活动日益猖獗。中国信息通信研究院安全研究所发布的《新形势下电信网络诈骗治理研究报告(2020 年)》指出:2020 年交易类诈骗在各类诈骗手段中占据主导地位,该类诈骗案例数量占据总诈骗案例的40%。而在这些交易类诈骗中,网络刷单诈骗是其中的主要类型之一,并且呈现出显著增长趋势。

---

① 中华人民共和国公安部:《公安部公布十大高发电信网络诈骗类型》,https://www.mps.gov.cn/n2253534/n2253543/c9077933/content.html.

2.类型

(1)骗取货款型。

骗取货款型诈骗是网络刷单诈骗中的一种典型手法。在这种诈骗中,诈骗分子通常以刷单为幌子,诱使受害人通过购物 App、购物网站等平台进行付款。一旦受害人完成支付并期待返款,诈骗分子就会采取各种借口和理由来躲避退款,甚至可能以退款为诱饵对受害人进行二次诈骗,进一步加剧受害人的经济损失。例如案例 A 中的大学生晗晗,诈骗分子要求晗晗下载购物 App 并进行付款,在晗晗想要追回货款时又提出继续付款,进行二次诈骗。

(2)骗取货物型。

在这一特定类型的网络刷单诈骗中,诈骗分子的目标并非直接获取被害人的钱财,而是巧妙地诱骗受害人为其购买货物。他们通常会以刷单为名,引诱受害人在购物 App 上下单,并指示受害人填写指定的物流地址。一旦货物送达,诈骗分子就会对这些货物进行二次处理,要么将物品占为己有,要么将物品出售以换取现金。

(3)骗取押金等费用型。

在这一类型的网络刷单诈骗中,诈骗分子首先会以兼职刷单的名义与受害人取得联系。接着,他们会告知受害人,参与刷单工作之前必须缴纳一定的押金、报名费、培训费等。然而,一旦受害人按照要求支付了这些费用,诈骗分子便会迅速将受害人拉黑,切断与受害人的联系,从而骗取受害人的钱财。例如案例 B 和案例 C。

3.特点

(1)诈骗对象具有针对性。

从案例 A 的详细分析来看,网络刷单诈骗的核心策略是利用"兼职刷单"这一诱饵来吸引受害人(如晗晗)参与,后续的诈骗活动都是基于这一先决条件精心设计的。因此,诈骗分子在发布兼职刷单信息时,特别针对那些有兼职意向且拥有较多闲暇时间的群体,如大学生、无稳定工作者、"宝妈"等,案例 B 中的王女士也属于这类群体。这类人群通常渴望通过兼职赚取额外的收入,同时也更容易被看似轻松简单的刷单工作吸引,从而成为诈骗分子的目标。

(2)诈骗过程具有迷惑性。

在网络刷单诈骗中,诈骗分子常以一些小额回报骗取受害人信任,使受害人放下心理防备,然后立即掉入陷阱。从案例 B 可以看出,"业务员"对王女士施加的诈骗手段极具迷惑性和伪装性。

(3)诈骗内容具有诱惑性。

为提高诈骗的成功率,诈骗分子精心策划了招募兼职刷单的诈骗信息。他们努力使这些信息穿上正规兼职的"新衣",同时又通过一些吸引人的元素让这些信息比常规兼职更引人注目。这样的设计更容易让潜在的受害者被吸引,进而陷入诈骗陷阱。案例 A 中的诈骗信息就完美契合了受害人晗晗既不影响上学还能顺便赚点零花钱的心理预期,所以才诱使受害人一步步陷入诈骗分子精心设下的诈骗圈套。

二、理性认知:正确认识网络刷单诈骗主要危害

1.经济损失维度

受害者的受骗金额从几十元至数万元不等,甚至有人因此被骗数十万元。这些巨额的经济损失对于受害群体,尤其是学生、家庭主妇、低收入人群来说,无疑是巨大的打击,可能导致一个家庭长期处于困境。案例 A 中的大学生晗晗损失达几千元,案例 B 中的王女士损失高达 27 万元,这些损失无疑使她们的处境雪上加霜。

2.市场秩序维度

网络刷单诈骗行为扰乱了正常的市场交易秩序,涉嫌构成不正当竞争,阻碍了电商市场的良性发展。它制造了虚假的交易记录和好评信息,进而误导社会

公众,破坏市场的公平性与透明度,影响了企业的合法竞争和消费者的选择权。

3.消费者权益维度

网络刷单行为侵害了消费者的知情权和公平交易权。消费者在购买商品或服务时,可能会因为受到虚假好评的误导而做出错误的决策,导致其权益受损。

4.公平正义维度

从社会道德和法律的角度看,刷单行为不仅违背了社会道德和诚信原则,破坏了社会的信任基础,而且其本身就是违法的,可能使参与者触犯律法,身陷囹圄。网络刷单诈骗犯罪成本低、隐蔽性强,使得遭遇此类诈骗的人在蒙受经济损失后难以维权,这也助长了诈骗分子的嚣张气焰,破坏了社会的公平正义。

综上所述,网络刷单诈骗的危害是全方位的,不仅损害了个人和家庭的利益,也破坏了市场的公平竞争环境,侵害了消费者的权益,更对社会道德和法律秩序及公平正义造成了冲击。因此,应该坚决反对任何形式的刷单行为,加强监管和处罚力度,提高公众的法律意识和风险意识,共同营造一个诚信、公平、透明的市场环境。

三、原因剖析:网络刷单诈骗产生的原因

根据上述案例分析,诈骗分子实施网络刷单诈骗的主要原因如下。

1.网络刷单诈骗实施成本较低

一方面是犯罪主体准入门槛低。此类诈骗对于实施主体的要求较低,诈骗分子往往凭借一部手机和一个付款链接就能完成整个诈骗流程。换言之,诈骗分子无须有高超的专业技术水平和复杂的作案工具,这使得近年来网络刷单诈骗逐渐呈现多发、高发态势。另一方面,诈骗信息扩散速度快、范围广。"电信网络诈骗犯罪借助于新型的网络通信软件与设备等,可以大范围、无差别地发送诈骗信息,实施'广撒网''地毯式'诈骗。"①诈骗分子借助微信、QQ 等个人社交软件的便捷性、快速性和高覆盖率,使得诈骗信息的传播速度快、宣传辐射范围广,这在一定程度上加剧了网络刷单诈骗的发生。

---

① 袁广林,蒋凌峰:《基于公共治理理论的电信网络诈骗犯罪多元共治》《中国刑警学院学报》,2019 年第 1 期,第 65-70 页。

2.公众尤其是在校大学生的防范意识不足

一方面,部分公众缺乏警惕、贪图便宜。纵观当前,网络刷单诈骗的手法五花八门,社会公众尤其是大学生更是防不胜防。以案例 A 中的主人公晗晗为代表的受害大学生群体阅历尚浅、社会经验较为有限,在寻找获得经济收入的过程中,他们很容易被诈骗分子宣传的"低投入、高回报"的兼职刷单信息吸引。有时,出于善意或无知,他们甚至会将这些诈骗信息转发给身边的同学,无形中扩大了诈骗信息的宣传范围,使得更多的人陷入诈骗陷阱。另一方面,社会反诈宣传力度不够、效果不足。尽管"凡是刷单,都是诈骗"已然成为大众耳熟能详的反诈宣传口号,也起到了一定的正面效果,但我们必须认识到,单一的宣传方式并不足以让人们形成全面而深入的认知。设置宣传口号需要与其他多种宣传方式协同联动、相互结合,通过多元化的信息传达,使社会公众对刷单诈骗形成清晰而立体的理性认知,从而更有效地防范诈骗风险。当前,社会尤其是高校对于刷单网络诈骗的反诈宣传在具体投放路径、内容议题设置等方面仍有不足。总体来看,公众仅对刷单诈骗行为有初步的认知和了解,但对这一网络诈骗的实施套路和手法却了解甚微。

3.网络刷单诈骗类案件的侦破瓶颈仍然存在

一方面是指定管辖程序较为烦琐。在指定管辖普遍应用的背景下,其程序的烦琐性对侦查部门的快速响应能力构成直接挑战,进而对案件侦办的效率产生显著影响。当前,不仅公安机关、检察机关、法院三方在指定管辖问题上存在意见分歧,而且指定管辖的决策还需经过层层上报、逐一审批的烦琐流程。这一流程不仅涉及同一侦查机关内部各部门之间的上报,还包括下级侦查机关向上级侦查机关的汇报,这无疑会导致整个管辖程序耗时冗长、效率低下。另一方面,侦查取证工作面临诸多困难。在此类诈骗案件中,部分受害人往往在多次自行追讨无果后才选择报案,甚至直接放弃报案。毋庸置疑,这会使侦查机关错过最佳侦破时机,进而影响其对案件证据的有效收集。更为棘手的是,大多数情况下,单个受害人的被骗金额较小,单个案件往往难以达到诈骗罪的立案标准,这就进一步导致侦查机关在侦查过程中采取有效刑事侦查措施的能力大打折扣。

四、火眼金睛：网络刷单诈骗的套路解析

结合以上 3 个案例的分析，网络刷单诈骗往往通过精心策划，并结合技术手段来实施。通常来讲，网络刷单诈骗的套路主要如下。

1. 设置陷阱

诈骗分子在各类社交平台上发布"轻松""高薪"的兼职信息并附上二维码，甚至以加好友的方式骗取受害人的信任，逐步引诱受害人进入圈套。上述 3 个案例都是类似的套路，即通过"赚点零花钱""薅羊毛""免费送礼品"的信息来设置陷阱。

2. 放置诱饵

若受害人没有经受住"轻松""高薪"诱惑，主动询问如何刷单盈利，可以说诈骗分子的诈骗行为就已经完成了一大半。从以上 3 个案例可以看出，诈骗分子首先会给出非常简单的刷单手法，只要在网上或者指定 App 中拍下商品并垫付钱款就能得到小额甚至大额"佣金"。当然，此时受害人还会有心理防备，担心无法获得"返利"，但诈骗分子早已有所准备，通过虚构其他人的盈利截图或者给予前几单"返利"，再次获得受害人的信任。

3. 施以小利

在受害人尝试刷小单后，诈骗分子并不急于收回成本，甚至还会多给几个小单。例如，在案例 C 中，邵某在完成 5 单小额任务后，立即收到"佣金"并可以将其提现至银行卡内。初次刷单的人尝到一点甜头便无法自拔。诈骗分子正是抓住受害人想要轻松获利的心理，通过"小恩小惠"一步一步引诱受害人上当受骗。

4. 得寸进尺

诈骗分子完全取得受害人信任后，就开始实施他预谋的犯罪行为。首先，诈骗分子以"投资越高收入越多"为由，哄骗受害人投入更多的资金进行刷单，少则几千元，多则上万元。然后，诈骗分子会找各种理由不退回本金，例如"卡单了""未按规定进行操作"等。在这一过程中，诈骗分子还会实施二次诈骗，也就是案例 B 所述，只有注入更多的资金才能解冻账户。最后，受害人意识到这是诈骗手段也为时已晚，诈骗分子可以通过删除联系方式等手段溜之大吉，使得追回被骗资金的难度加大。

五、防骗策略:网络刷单诈骗的防范举措

大学生在面对网络刷单诈骗时,应该采取一系列措施保护自己。

首先,要保持清醒的头脑,理性看待兼职工作,切勿被高额回报诱惑。网络刷单本质上是一种欺诈行为,而且违反法律法规。大学生应该树立正确的价值观,远离这种不道德且违法的行为。

其次,要加强自我防范意识,提高警惕。在寻找兼职工作时,要通过正规渠道,如学校就业指导中心、正规招聘网站等,避免在来源不明的平台上发布个人信息或参与来源不明的兼职活动。同时,要学会识别虚假招聘信息,如过于夸张的工资待遇、不切实际的工作要求等。

再次,如果收到可疑的刷单兼职信息,要保持冷静,不要轻易相信。可以通过搜索网络信息或咨询身边的朋友、老师等,了解相关信息的真实性。同时,不要随意点击来源不明的链接或下载来源不明的软件,以免遭受病毒或恶意软件的攻击。

复次,如果发现自己已经陷入刷单诈骗的陷阱,要立即停止相关活动,并尽快报警或向相关部门求助。在报警时,要提供尽可能详细的信息,包括对方的联系方式、聊天记录、交易记录等,以便警方能够尽快破案。

最后，应该加强对网络安全知识的学习，提高自己的网络素养。了解常见的网络诈骗手段和特点，学会识别和防范网络诈骗。同时，要增强法律意识，遵守法律法规，不参与任何违法活动。

概言之，大学生在面对网络刷单诈骗时，要保持清醒的头脑，加强自我防范意识，通过正规渠道寻找兼职工作，并加强对网络安全知识的学习，这样才能有效地保护自己免受诈骗分子的侵害。

案例三:助学贷款诈骗^①

案例 A:

2022 年 7 月,李同学接到陌生来电,对方称其申请的助学贷款已经批款,因为政策变化,已申请的贷款账户需要注销,可以补助 3000 元。对方让他到 ATM 机上进行相关操作,李同学在 ATM 机上按对方指令输入一连串数字后,银行卡中的钱被转走。

案例 B:

2022 年 6 月,吴同学接到陌生电话,称其有一笔 4000 元的助学贷款发放,要求其到农村信用社按要求办理领取。吴同学按对方在电话里的引导进行操作,操作完成后发现银行卡里的钱被分两次转走,损失 15000 元。

案例 C:

2023 年 11 月 10 日上午,小 A 报警称:有诈骗分子冒充省教育部门的工作人员联系到自己的大伯,不明情况的大伯在毫无防备的情况下将小 A 的个人信息透露给了诈骗分子。诈骗分子利用掌握的信息打电话给小 A,以国家助学金发放政策有新的变化和要求为由,要求小 A 先交一部分保证金以全额领取助学金,"热心"的诈骗分子问小 A 附近有没有 ATM 机,只要按照他的话去做就能保证助学金到位。稀里糊涂的小 A 按照诈骗分子的指示,在 ATM 机上进行了一番操作,最后发现自己银行卡中的 9899 元存款不翼而飞,此时小 A 才发觉有陷阱,马上到学校附近的派出所报案。

案例 D:

某大一新生接到自称是教育局工作人员的电话,电话中说,该同学银行卡异常,导致助学金无法转入,只有先将卡内存款转出至指定账户才能恢复正常,事后会将存款与助学金一并发还。该同学便按照对方的指令将卡内余额转至对方账户,之后却迟迟等不到对方退还款项,再次拨打"教育局工作人员"的电话时发

---

① 澎湃新闻:《【反电诈】警惕!助学贷款诈骗带着新剧本来了!全国学生资助管理中心发布预警!》,https://m.thepaper.cn/baijiahao_6806560.

现是空号，才意识到自己遭遇了诈骗。

 案例解析

不少大学生都接到过有这样内容的电话：十九大以来，因政策发生变化，已申请的贷款账户需要注销，需按照相关程序进行操作，否则会产生不良的影响。看到这儿，相信很多人都明白了，这是典型的电信诈骗套路。目前国家助学贷款没有政策变化，大家务必提高警惕，避免上当受骗。

一、概念解读：助学贷款诈骗的含义、类型及特点

1. 含义

助学贷款诈骗作为一种常见的电信网络诈骗形式，主要是指诈骗分子假借助学贷款的名义进行的一系列诈骗行为。在这个过程中，诈骗分子的主要目标是经济条件较差的家庭或教育相对落后地区的大学生和家长。这些诈骗行为通常涉及冒充政府部门、学校、银行或金融机构人员，利用非法获取的学生信息进行诈骗。

2. 类型

(1) 以助学贷款、教育补贴名义实施诈骗。

诈骗分子通过冒充政府部门工作人员，获取大学生和家长的信任，然后以领

取助学贷款、教育补贴等名义,诱骗他们进行转账操作。在案例 C 中,诈骗分子就是冒充政府工作人员套取学生信息,实施诈骗行为。

(2)开设虚假助学贷款网站实施诈骗。

诈骗分子建立与国家开发银行助学贷款学生在线系统相似的虚假网站,在虚假的钓鱼网站中诱使大学生和家长提交个人信息,进而骗取保证金、手续费等。

(3)冒充学校老师或工作人员实施诈骗。

刚入学的大一新生对学校不太熟悉,对助学贷款等的相关情况也没有深入了解,诈骗分子利用这一点,围绕新生缴纳报名费、发放助学金或申请助学贷款等实施犯罪。如在案例 B 中,诈骗分子伪装成学校工作人员以发放助学贷款的名义骗走了学生 15000 元。

(4)冒充银行或金融机构人员实施诈骗。

诈骗分子获取贫困学生的信息后,以办理低息贷款为由,引导大学生办理助学贷款。实际上,这正是"校园贷"的另一种形式。

3.特点

(1)诈骗的目标明确。

助学贷款诈骗的目标非常明确,针对的是在校大学生或者其家长。

(2)诈骗的空间虚拟化、行为隐蔽化。

助学贷款诈骗通常通过网上聊天、电子邮件、电话等方式进行,诈骗分子无须与大学生受害者见面,这导致此类犯罪行为更加隐蔽。在以上案例中,诈骗分子多用电话与受害者进行沟通,因而增加了调查和抓捕诈骗分子的难度。

(3)诈骗的手法多样化、更新迭代快。

诈骗分子常常夸大助学贷款的优惠条件,如低利率、免息、无须抵押等,从而吸引大学生申请,进而一步一步诱导大学生和家长上当受骗。

二、原因剖析:助学贷款诈骗屡发的主要原因

助学贷款诈骗之所以屡禁不止,其背后有多种因素。以下是对此现象的一些剖析。

1.信息不对称是诈骗分子得逞的重要前提

许多大学生和家长对助学贷款政策、申请流程以及贷款机构运作方式缺乏足够的了解,容易被诈骗分子利用。诈骗分子往往利用这种信息不对称,冒充正

规金融机构或政府部门工作人员，以提供助学贷款为名进行诈骗。在案例 A、案例 B 和案例 C 中，诈骗分子均是利用这一点实施犯罪的。

2. 经济压力是促使诈骗发生的重要因素

一些学生的家庭经济条件比较差，急需资金支持学业，但又对国家的助学贷款、助学金等政策不熟悉，这使得他们更容易成为诈骗分子的目标。诈骗分子常常以低息、无息、不需要信用记录或快速审批为诱饵，吸引学生和家长上钩。

3. 不良贷款机构和从业人员的存在为诈骗提供了"土壤"

一些机构和个人利用助学贷款的名义，通过虚假宣传、高额利息、乱收费等手段骗取学生和家长的钱财。这些机构往往不具备合法资质，操作不规范，给诈骗行为提供了便利。

4. 信息技术的快速进步是把双刃剑

在"人人都是麦克风"的时代，诈骗分子有了更多使用社交媒体等互联网工具把自己伪装成正规贷款机构，从而实施诈骗的机会。

三、火眼金睛：助学贷款诈骗套路解析

助学贷款诈骗层出不穷，给大学生以及家长的财产和身心都造成了危害，那么诈骗分子是如何得手的呢？结合上述典型案例，助学贷款诈骗套路具体可以拆解为以下几个步骤。

1. 获取大学生个人信息

诈骗分子首先获取大学生的个人信息，主要包括姓名、性别、学号、专业、父母联系方式、父母职业情况、籍贯、身份证号、家庭地址、银行卡号等。这些信息可能在多个地方被泄露，也可能由诈骗分子非法获取。

2. 冒充教育部门、金融部门工作人员

一旦获取大学生的个人信息，诈骗分子就可以实施精准诈骗，他们会以各种方式进行联系，如电话、短信或社交媒体。诈骗分子通常冒充银行工作人员、教育部门工作人员或其他身份，以取得大学生对他们的信任。如在上述案例中，诈骗分子就是冒充学校老师、教育部门工作人员、银行工作人员实施诈骗。

3.实施诈骗

在取得大学生或者其家长的信任后,诈骗分子会以各种理由要求受害者转账或提供敏感信息。这些要求可能涉及学费、住宿费、生活费等,或者是以发放助学金为由要求受害者确认银行账户信息。

4.消失并逃避追踪

一旦收到款项或获取了所需信息,诈骗分子通常就会很快消失并逃避追踪,他们可能会更换联系方式或使用虚假身份继续实施诈骗。

概言之,在这类诈骗中,诈骗分子通常会通过非法渠道,事先获取受害人详细资料,进而实施精准诈骗,这就是诈骗分子能够清楚说出受害人信息的原因,也正因为如此,诈骗分子能够轻易博取受害人的信任。接下来诈骗分子就会以发放助学金、返还费用等借口,要求受害人配合提供银行账户、密码等个人信息,从而实施诈骗。因此,大学生和家长在面对任何涉及助学贷款的信息时,都应保持高度警惕,不相信、不理睬,及时向学校辅导员、当地教育部门或公安机关咨询,切勿轻易泄露个人信息或进行转账操作,以防上当受骗。

四、防骗策略:防范与应对助学贷款诈骗

助学贷款诈骗的防范与应对策略可以从以下四个方面着手。

1.提高大学生及家长防范意识

加强防范意识是各类诈骗防范策略中最为重要的。大学生及其家长应提高防范意识,对于陌生人或来源不明的信息,坚持做到不透露、不相信、不理睬。在办理助学贷款时,应通过正规渠道,如学校、银行或政府官方网站,了解相关信息和流程。同时,要保持警惕,不轻易泄露个人信息,尤其是身份证号、银行卡号等敏感信息。警惕转账或索要私人信用助学贷款信息等内容,助学贷款发放若存在问题,会由学校或学生资助部门与学生本人联系核实。办理助学贷款不需要缴纳任何手续费、保证金等。大学生遇到突发情况要保持冷静,第一时间联系辅导员、学校的助学贷款中心、当地资助管理机构或国家开发银行核实情况。

2.加强助学贷款反诈骗宣传教育

首先,利用多元化宣传方式,加强大学生对助学贷款诈骗的认识和理解,向学生、家长和教育机构提供相关的教育,并开展宣传活动,让他们了解助学贷款

诈骗的常见形式和特点，以及如何识别和应对诈骗行为。其一，开展主题讲座。邀请金融专家、法律专家或警方代表，为学生举办助学贷款反诈骗主题讲座，现场解答学生的疑问。其二，制作宣传资料。设计并制作反助学贷款诈骗宣传手册、海报等，分发给学生及其家长，供他们随时查阅。其三，利用媒体平台宣传。通过校园广播、微信公众号、微博等媒体平台，定期发布反诈骗知识和提醒信息，扩大宣传覆盖面。其四，举办互动活动。组织知识竞赛、模拟演练等互动活动，让学生在参与中增强防范意识等。

其次，加强与金融机构的合作。其一，建立信息共享机制。与金融机构建立信息共享机制，及时获取最新的诈骗手法和案例，丰富宣传教育素材。其二，提供专业培训。邀请金融机构为师生提供关于助学贷款申请、还款及防诈骗的专业培训。

再次，强化监管与责任落实。不仅要完善监管机制，还要明确责任主体。相关部门应加强对助学贷款市场的监管，严厉打击诈骗行为，维护市场秩序。学校、教育部门及金融机构应明确各自在反诈骗宣传教育中的责任，形成合力。

最后，建立反馈与评估机制。其一，建立学生、家长及教师的反馈渠道，及时了解他们对反诈骗宣传教育的需求和意见。其二，定期评估效果。定期评估反诈骗宣传教育的效果，总结经验教训，不断优化宣传教育的内容和方式。

3.强化现代信息技术手段

首先，利用大数据和人工智能进行精准宣传。一是用户画像构建。通过收集和分析学生的在线行为、学习需求等数据，构建学生用户画像，以便更精准地推送相关的反诈骗宣传教育内容。二是智能推荐系统开发。利用人工智能技术，开发智能推荐系统，根据学生的兴趣和需求，推荐相应的反诈骗知识、案例和警示信息。

其次，开发互动性和趣味性强的在线教育平台。一是在线课程开发。利用现代在线教育平台，开发反助学贷款诈骗相关的在线课程，包括视频讲解、案例分析、互动问答等环节，提高学生的学习兴趣和参与度。二是虚拟现实（VR）和增强现实（AR）技术应用。借助 VR 和 AR 技术，模拟真实的诈骗场景，让学生在虚拟环境中进行反诈骗实践，增强他们的实际操作能力和应对能力。

再次，利用社交媒体和移动应用进行广泛传播。一是社交媒体宣传。通过微博、微信、抖音等社交媒体平台，发布反诈骗知识、案例和警示信息，利用社交媒体的传播特性，迅速扩大宣传覆盖面。二是移动应用开发。开发反诈骗移动应用，实时更新诈骗手法、防范技巧等信息，方便学生随时查阅和学习。

复次，建立信息安全防护体系。一是加强网络安全防护。利用防火墙、入侵检测系统等网络安全技术,确保反诈骗宣传教育平台的稳定运行和数据安全。二是个人信息保护。在收集和使用学生个人信息时,严格遵守相关法律法规,采取加密、匿名化等技术手段,保护学生的隐私权益。

最后,加强技术更新与人员培训。一是技术更新。密切关注信息技术的发展动态,及时更新和升级反诈骗宣传教育平台的功能和技术。二是人员培训。对负责反诈骗宣传教育工作的教师进行信息技术培训,提高他们的信息素养和技术应用能力,确保宣传教育工作能够顺利进行。

4.加强多元主体协同联动

(1)明确各主体的职责与角色。政府、高校、金融机构、社区以及家庭都应明确各自在反诈骗宣传教育中的职责和角色。政府应提供政策支持和指导,高校负责具体的教育实施,金融机构提供专业知识和信息,社区和家庭则负责营造良好的社会环境和家庭氛围。

(2)建立信息共享机制。各主体之间应建立信息共享机制,及时交流最新的诈骗手法、案例和防范策略。这有助于确保宣传教育内容的时效性和针对性,提高防范效果。

(3)开展联合宣传活动。政府、学校和社区可以联合举办反助学贷款诈骗宣传活动,如讲座、展览、宣传周等,提高公众对助学贷款诈骗的认知和警惕。金融机构也可以参与其中,提供专业的咨询和服务。

(4)加强家庭与学校的沟通与合作。家庭是学生成长的重要环境,学校应加强与家庭的沟通与合作,共同关注学生的助学贷款申请和还款情况,及时发现和应对潜在的风险。

(5)利用现代科技手段加强联动。各主体可以利用大数据、人工智能等现代科技手段,实现信息的快速传递和共享。例如,建立反诈骗宣传教育网络平台,提供在线课程、咨询和举报等服务,方便学生和家长随时获取相关信息。

(6)建立反馈与评估机制。定期对各主体的反诈骗宣传教育工作进行评估和反馈,总结经验教训,及时调整策略和方法。同时,鼓励公众参与监督和评价,确保宣传教育工作的质量和效果。

综上所述,防范和应对助学贷款诈骗需要大学生、家长、学校、政府部门以及社会各界共同努力,形成合力,共同为新时代大学生营造一个安全、有序、健康的助学贷款环境。

案例四：奖学金诈骗

案例[1]:

某高校大学生接到自称本校老师的电话，这一"老师"声称该生符合奖学金申请要求，并准确报出该同学的姓名、学号等个人信息，又向该同学发送所谓的申请材料填写链接。该同学信以为真，在链接中填写了自己的银行卡号、密码等信息，随即收到银行的扣款通知，这才意识到自己被骗。

案例解析

领取奖学金往往是同学们翘首以盼的一大乐事，但是随着大数据、人工智能等互联网技术的更新迭代，诈骗分子的作案手段日益多样，奖学金诈骗也成为针对大学生群体的高发诈骗案件类型之一。

---

[1] 西大法律援助中心：《法援普法 | 奖助学金诈骗知多少》，https://mp.weixin.qq.com/s? __biz＝MzU3NDI3NjU0NA＝＝&mid＝2247485831&idx＝1&sn＝ea683104367372578fbe6af5d37ece5a&chksm＝fd359f28ca42163e87ebf02d3ebbe920d1c96dd2e60cd8ba219c823b77c1fa85da6f125d09f0&scene＝27.

一、概念解读:奖学金诈骗的含义、类型及特点

1.含义

奖学金诈骗是指诈骗分子向大学生或家长宣称该学生有资格获得某种奖学金,然后要求他们支付一定金额的费用或提供个人信息,以获取这笔奖学金。这种诈骗信息通常以各种形式出现,包括电话、电子邮件、短信或社交媒体信息等。诈骗分子利用人们对教育机构的信任和对奖学金的渴望,以非法手段获取金钱或个人信息。这种行为不仅是违法的,还会给受害者带来经济损失和心理困扰。

2.类型

(1)冒充高校或教育部门人员诈骗。

诈骗分子冒充高校或教育部门工作人员,通过电话、短信或邮件等方式联系学生,声称发放奖学金,要求学生提供个人银行卡信息、交易密码、验证码等,进而实施诈骗。

(2)虚假网站或 App 诈骗。

诈骗分子制作虚假的奖学金申请网站或 App,诱导学生填写个人信息和银行卡号,以此获取学生的敏感信息,进而进行盗刷或诈骗。

(3)ATM 机操作诈骗。

诈骗分子以发放奖学金为由,诱导学生到 ATM 机上进行操作,通过进入特定界面或执行特定指令,将学生卡内钱款划走。

3.特点

(1)有信息泄露风险。

诈骗分子为非法获取信息,通常要求受害人提供个人详细信息,如身份证号、银行卡号及密码等,这些信息一旦泄露,就可能导致严重的财产损失。上述案例中,犯罪分子非法获取学生个人信息,由此学生的个人信息存在被泄露的风险。

(2)冒充官方身份。

诈骗分子往往冒充官方机构或学校工作人员,以获取受害人的信任。大学生群体普遍信任学校工作人员。学校老师和部门工作人员贯穿大学生的整个学生生涯,但学生对于老师和部门工作人员的工作还是缺乏一定的认知。在上述

案例中,当诈骗分子冒充老师、教育部门工作人员时,学生认为这是自己熟悉的人,就放松警惕,使得诈骗分子有机可乘。在此基础之上,诈骗分子利用"信息优势"增强虚假事实的可信度,骗取学生的信任。在上述案例中,诈骗分子准确无误地报出学生的个人信息后,该学生就完全相信对方,在不知不觉中透露了自己的银行卡号及密码等真实信息。

（3）利用紧急心理。

奖学金诈骗往往利用大学生对奖学金的渴望或急需资金的心理,以快速发放为名进行欺诈。申领奖学金对大学生来说意义重大,但新生对奖学金申请相关事务不太熟悉,因而对奖学金诈骗防范程度不高,容易受到诈骗分子诱骗。从上述案例中可以看出大学生对奖学金的申请和发放非常重视,但缺乏一定的经验,导致对诈骗分子的错信。

（4）利用非官方渠道。

诈骗分子通常采用电话、短信、网络聊天等方式私下联系学生,而不是通过学校官方渠道或正规金融机构。上述案例中,诈骗分子通过电话联系取得在校大学生的信任,这也是其成功作案的关键。诈骗分子的手段多种多样,但共同点都在于利用非官方渠道。

综上所述,诈骗分子常常利用"信息差",实施"心理战",在骗取大学生信任后使其放松警惕,使大学生在不知不觉中上当受骗。

二、原因剖析:奖学金诈骗产生的主要原因

奖学金诈骗之所以频频发生,主要是多个因素的交织作用。

1. 信息不对称和缺乏透明度

许多大学生对于奖学金的申请流程、发放标准和相关政策了解不足,使得诈骗分子能够轻易冒充高校、教育部门或相关资助机构的工作人员,通过电话、短信、网络社交平台等渠道联系学生,以发放奖学金为名进行欺诈。

2. 部分大学生防诈骗意识薄弱

一些大学生对于诈骗行为缺乏足够的警惕性,容易轻信陌生人的说辞,泄露个人信息或提供敏感信息,从而成为诈骗分子的目标。

3. 经济压力和社会竞争的困扰

一些大学生的家庭经济条件较差,对奖学金的需求较高,这使得他们更容易受到诈骗分子的诱惑。同时,社会竞争的加剧也使得一些大学生希望通过获得奖学金来提升自己的竞争力,进一步增加了他们成为诈骗受害者的风险。

4. 监管不足和打击力度不够

尽管相关部门在打击诈骗行为方面做出了一定的努力,但由于奖学金诈骗手段隐蔽、涉及面广,监管难度较大,同时,对于诈骗行为的打击力度和处罚力度可能还不够,使得一些诈骗分子敢于冒险作案。

综上所述,奖学金诈骗是信息不对称和缺乏透明度、大学生防诈骗意识薄弱、经济压力和社会竞争以及监管不足和打击力度不够等多种因素共同作用的结果。为了遏制这种现象,要加强宣传教育,提高学生防范意识,加强监管和打击力度等。

三、防骗策略:奖学金诈骗的应对举措

结合上述案例,为了防范奖学金诈骗,大学生应提高警惕,不轻信陌生人的电话或信息,不随意透露个人信息和银行账户等重要信息。同时,学校和相关部门也应加强宣传教育,提高大学生对奖学金诈骗的防范意识。具体应着眼于以下几个方面。

1. 大学生应提高防范意识,加强对奖学金诈骗的认知

具体而言,大学生首先要保护好个人信息。在网络社交过程中不轻易向陌生人透露自己的个人信息,不轻易填写带有个人信息的单据票证,在身份证复印

件上注明其使用用途。其次,要警惕他人要求转账或索要重要信息的行为。大学生可自行到学校官网或教育部门官网查询奖学金发放的官方流程。通过短信、电话、社交平台等方式联系个人套取奖学金信息,并收取相关手续费、保证金等行为都属于诈骗行为。奖学金的发放不会要求大学生转账,更不存在所谓的安全账户。再次,遇到突发情况先核实。如果已经身陷困境,诈骗分子要求尽快缴纳保证金、手续费等,一定要保持冷静,向身边的人,例如辅导员、同学以及学校相关人员咨询,核实情况。复次,拒绝对方的操作指令。在接到诈骗分子的电话以及收到相关短信后,保持高度警惕,对于搜集个人信息、银行卡验证码等行为直接拒绝,也不要点击和下载对方发送过来的不明链接和软件。最后,运用法律保护自身合法权益。如果最终还是遭遇诈骗,已经将存款转账给诈骗分子,一定要保存好各种证据,例如转账记录、通话记录等,并及时报警,协助警察办案。还可以到汇出行修改银行卡密码,联系汇入行进行求助。

2. 学校和教育部门应合力加强对大学生的宣传教育

首先,学校和教育部门应加强对奖学金相关政策和申请流程的普及教育。通过举办讲座和研讨会等形式,向大学生详细解释奖学金的申请条件、评审标准和发放程序,确保学生对奖学金有正确的认知和理解。

其次,针对奖学金诈骗的常见手法和案例,学校和教育部门应组织专题教育活动。通过案例分析、角色扮演、模拟演练等方式,让大学生了解奖学金诈骗的套路和危害,提高警惕性和防范意识。

再次,学校和教育部门还可以利用校园媒体和网络平台,发布防范奖学金诈骗的宣传资料和提示信息。通过微信公众号、校园网站、校园广播等渠道,向大学生广泛宣传防骗知识,提醒他们保持警惕,避免上当受骗。

最后,学校和教育部门还应加强与家长的沟通和合作。通过线上、电话家访等形式,向大学生家长介绍奖学金诈骗的危害和防范措施,提醒他们关注学生的奖学金申请情况,共同保护学生的权益。

3. 相关部门应加强对奖学金诈骗的打击力度

首先,建立健全监管机制。相关部门应加强对奖学金申请和发放过程的监督和管理,确保整个流程公开、透明、规范。这包括制定严格的奖学金申请和审核程序,加强对申请材料的审核和核实,防止弄虚作假。同时,建立奖学金发放的监管机制,确保资金能够准确、及时地发放到获奖学生手中。

其次,加强跨部门合作和信息共享。奖学金诈骗往往涉及多个领域和部门。因此,公安、教育、金融等相关部门应加强合作,共同打击奖学金诈骗行为。通过信息共享和联合行动,可以及时发现和查处涉及奖学金诈骗的违法犯罪行为,提高打击效率和准确性。

再次,加大对奖学金诈骗的处罚力度。对于涉及奖学金诈骗的违法犯罪分子,应依法严惩,以儆效尤。同时,对于涉及奖学金诈骗的单位和机构,也应采取相应的处罚措施,如限制其参与相关活动等,以形成有效的震慑作用。

复次,开展宣传教育和提高大众防范意识。相关部门应通过各种渠道和方式,向学生、家长普及奖学金诈骗的危害和防范方法,提高他们的防范意识和能力。通过举办讲座、发放宣传资料、开展案例分析活动等方式,让更多人了解奖学金诈骗的套路和手段,从而避免上当受骗。

最后,利用技术手段提高防范和打击能力。相关部门可以引入先进的信息技术和人工智能手段,对奖学金申请和发放过程进行智能化监管和预警。通过数据分析和挖掘,发现异常申请和可疑行为,及时采取措施进行防范和打击。

4.社会各界应积极参与奖学金诈骗的防范工作

首先,媒体作为信息传播的重要渠道,应加强对奖学金诈骗的宣传报道。通过广播、电视、报纸、网络等媒体平台,及时发布关于奖学金诈骗的最新动态、典型案例和防范措施,提高公众对奖学金诈骗的认知和警惕性。同时,媒体还可以邀请专家进行解读和评论,提供专业的防范建议,帮助公众更好地识别和防范奖学金诈骗。

其次,企业和机构可以为奖学金诈骗的防范工作提供技术和资金支持。例如,开发专门用于识别奖学金诈骗的软件或工具,为学校和教育部门提供技术支持和培训,提高大学生防范奖学金诈骗的能力。

再次,社区和基层组织可以通过开展社区活动、举办讲座、发放宣传资料等方式,向居民普及奖学金诈骗的危害和防范方法。此外,社区和基层组织还可以建立志愿者队伍,协助学校和教育部门开展奖学金诈骗的防范工作,形成群防群治的良好氛围。

最后,家长或监护人应密切关注大学生的学业和奖学金申请情况,与学生保持良好的沟通,提醒他们保持警惕,避免受到诈骗分子的欺骗。同时,家长或监护人还可以与学校和教育部门保持联系,了解奖学金政策和申请流程,共同维护大学生的权益。

5.引导大学生多渠道核实信息来防范奖学金诈骗

首先,利用学校官方网站或教育部门渠道。学生应首先通过学校官方网站或教育部门发布的正式渠道了解奖学金信息,这些渠道通常会提供详细的申请流程、发放标准和获奖名单。避免因通过非官方渠道或不明来源的链接获取奖学金信息而受到诈骗分子的误导。

其次,咨询学校相关部门或老师。学生在申请奖学金前,可以主动咨询学校相关部门或老师,了解奖学金的申请条件和流程。对于有疑问的信息或要求,及时向相关部门或老师求证,避免受到诈骗分子的欺骗。

再次,与同学或学长、学姐交流。学生可以与身边的同学或学长、学姐交流,了解他们申请奖学金的经验和注意事项。通过与他们的交流,获取更多的信息,提高自己对奖学金诈骗的警惕性。

复次,利用社交媒体或论坛。学生可以在社交媒体或相关论坛上搜索奖学金信息,了解其他学生的申请经验和反馈。但要注意筛选信息,避免受到虚假信息或诈骗分子的误导。

最后,核实获奖信息。如果收到关于获奖的通知或信息,学生应首先通过学校官方网站或相关部门进行核实。不要轻易相信来源不明的获奖通知,避免泄露个人信息或损失钱财。

综上所述,应对奖学金诈骗需要学生、学校、相关部门和社会各界共同努力,形成合力,共同构建安全、公正、透明的奖学金申请和发放环境。

案例五:网络虚假购物诈骗

案例A:网络购物虽方便,退货退款不轻信①

A女士照常在店内工作时,接到一通自称售后客服的电话,称A女士在抖音上购买的化妆品质量不合格,要向A女士作出赔偿。起初,A女士并未理睬就把电话挂断了。后来A女士又接到了此类电话,称要给其赔付,对方还给了A女士一个二维码,A女士登录并填写了个人信息及银行卡信息,填完后对方又给A女士发了一个二维码,扫码显示要支付10000元,对方解释称这个钱是个人信息保障金,稍后会连同赔偿金一起返给A女士。随后,A女士轻信并扫码支付了10000元,但迟迟未见返钱,A女士这才意识到被骗,遂报警。

案例B:这些网络购物消费陷阱请避雷②

(1)2024年1月9日,市民圣某向公安机关报案称他在家中浏览闲鱼App时看中一款商品,圣某通过平台联系卖家,对方并未回应。于是他根据商品详情界面附带的QQ联系卖家。随后,卖家在QQ上重新发送了一个闲鱼平台交易界面链接(后经核实系虚假网页),供圣某支付商品钱款。圣某支付钱款后才发现,钱款已支付至某游戏公司(该支付通道被隐藏在虚假网页中),至此发现被骗,共计损失3500元。

(2)2023年7月10日,市民王某报警称其接到一通陌生电话,对方自称是快递客服,因王某购买的药品在运输过程中受到污染,可为其办理退款。王某信以为真,点击对方提供的网址进入一个"3·15消费者协会"的虚假网站,输入银行卡号、密码、验证码、身份证号、手机号等个人信息。随后,对方假借王某名义,从王某名下银行信用卡中借贷1.8万元转入王某名下银行储蓄卡中,声称转错,

---

① 澎湃新闻:《2023反诈最新十个案例》,https://www.thepaper.cn/newsDetail_forward_23263152.

② 澎湃新闻:《"打假"攻略|这些网络购物消费陷阱请避雷》,https://m.thepaper.cn/baijiahao_26780446.

要求王某返还。王某就扣除药钱，将17712元转入对方指定个人账户，同时对方还将王某名下农信社中的1万元转出。后王某发现被骗，共计损失27712元。

(3)2024年2月21日，市民苏某在网络游戏中添加一位好友，对方称想以2600元购买苏某的游戏账号。苏某觉得很划算，便同意了。对方要求苏某将游戏账号挂在一个陌生网站上出售，并且对方也拍下了该游戏账号。当苏某想要提现时，网站却显示账户冻结无法提现。于是苏某找到网站客服询问怎么解冻，客服称苏某的收款银行信息错误，要充值2600元"解冻金"才能解冻。充值完成后，苏某发现还是不能提现，客服称由于没有激活账户，需要充值账户余额1倍的资金才能激活，于是苏某又充值了5200元。转账之后苏某还是无法提现，系统显示身份证未上传导致账户再次被冻结，需要再充值账户余额1倍的资金10400元才能解冻。苏某继续充值后，系统提示，需要开通网站VIP才能提现，苏某找到网站客服，客服称账户里的金额达到28000元才能申请开通VIP，而苏某的余额只有20800元，因此再充值7200元就能自动开通VIP，所有充值的钱也会自动转入苏某的收款账户。此后，客服又以需要缴纳提现担保资金、提现金额输入错误导致账户冻结需要缴纳解冻金等借口多次诱导苏某转账，直到苏某银行卡内的资金不足，无法继续转账，才发现自己被骗了，共计损失39371.76元。

案例解析

近年来，随着经济水平的不断提升，网络购物平台越发多样化，尤其是大学生越来越习惯在网上买东西，殊不知他们在享受"买买买"的乐趣时，诈骗分子正盯着他们的钱袋子。

一、概念解读：网络虚假购物诈骗的含义、类型及特点

1.含义

网络虚假购物诈骗就是指诈骗分子通过构建网络交易平台及软件，或者通过网络社交平台等渠道发布商品广告信息，通常以优惠打折、海外代购、低价转让、0元购物等方式为诱饵，诱导受害人与其联系并进行交易。待受害人付款后，诈骗分子可能会将受害人拉黑，或者以加缴关税、缴纳定金、交易税、手续费等为由，诱骗受害人继续转账汇款，从而实施诈骗。

2.类型

随着网络购物的兴起,网购平台成了消费者受骗的重灾区,诈骗招数层出不穷,网络虚假购物诈骗的类型多种多样,以下是一些常见的类型。

(1)虚假交易平台诈骗。

虚假交易平台诈骗是指诈骗分子利用虚假的交易平台或网站进行欺诈活动,以骗取受害人的钱财或个人信息。诈骗分子构建虚假的网络交易平台或软件,发布商品广告信息,诱导受害人在非官方购物平台上进行交易。待受害人付款后,诈骗分子会以各种理由延迟、拒绝发货或直接失联。案例B中的第一个案例就是典型的虚假交易平台诈骗。诈骗分子在正规交易平台如闲鱼App发布虚假的二手闲置物品买卖信息,在取得受害人的联系方式后,要求其按照指示操作,在平台外进行交易,或者让受害人点击来源不明的网页链接,从而转走受害人银行卡账户内的资金。虚假交易平台诈骗的类型包括二手交易诈骗、投资理财诈骗、求职招聘诈骗以及虚假票务预订诈骗等。

(2)退货理赔诈骗。

退货理赔诈骗是一种利用退货流程进行的欺诈活动。诈骗分子冒充购物平台客服或快递客服给受害人打电话、发送短信,称受害人的购物订单异常或快递在运输途中丢失、损坏,需办理退款手续。案例B中的第二个案例就是典型的退货理赔诈骗。

(3)虚构中奖诈骗。

虚构中奖诈骗是指诈骗分子通过各类社交软件和电话、短信向各类人群发送中奖信息和链接,一旦受害人点击进入虚构网站,诈骗分子就以诱导其支付

"个人所得税"等理由骗取受害人钱财。

（4）游戏账号虚假买卖诈骗。

诈骗分子以高价收购玩家高等级游戏账号为名，诱导玩家登录虚假网站进行交易，并冒充网站客服工作人员，以向平台缴纳保证金、手续费、解冻费等名义，诱骗玩家向平台支付各种费用。案例 B 中的第三个案例就是此类诈骗。

（5）彩票预测诈骗。

诈骗分子通过相关计算机技术建构虚假彩票预测网站，打着有内幕消息、高预测率的旗号，诱导对彩票感兴趣的受害人登录注册并通过银行卡转账。

（6）钓鱼网站诈骗。

通过计算机技术构建与网上银行、慈善网站或者网络交易平台极为相似的钓鱼网站。钓鱼网站主要用来骗取受害人银行卡信息及密码。案例 B 中的第二个案件就是典型的钓鱼网站诈骗，诈骗分子虚构"3·15 消费者协会"网站，骗取受害人信任。

（7）货到付款诈骗。

诈骗分子通过非法渠道获取受害人的详细个人信息与产品购买信息，制作假货并通过"货到付款"的方式骗取钱财。

此外，还有虚假红包类诈骗、演出门票类诈骗、收养动物类诈骗、电商平台类诈骗和海外代购类诈骗等。这些诈骗手段都在不同程度上利用了受害人的购物需求和对低价、优惠的渴望，通过虚假信息诱导受害人进行交易，从而达到骗取钱财的目的。

3. 特点

（1）价格异常低廉。

诈骗分子往往会发布价格远低于市场价的商品信息，以此作为诱饵吸引受害人。这些价格非常诱人，但实际上是虚假的。这种价格上的巨大差异，使得许多消费者容易被其吸引，进而产生购买冲动。

（2）虚假宣传与承诺。

为了增加可信度，诈骗分子通常会制作精美的图片或视频来描述商品的质量和功能等，并发布虚假的用户评价，以吸引消费者购买。同时，他们还会承诺提供诸如"无条件退货""全额退款"等服务，以进一步消除消费者的疑虑。

（3）先付款后发货。

在交易过程中，诈骗分子通常会要求受害人先支付货款或定金，然后再发货。然而，在受害人付款后，诈骗分子可能会以各种理由延迟发货、发送劣质商品甚至直接失联。

（4）收款方式不正规。

为了避免被追踪和打击，诈骗分子通常会要求受害人使用非正规的付款方式进行交易，如通过私人账户、第三方支付平台等。这种方式不仅增加了消费者的风险，也使得诈骗行为更加难以追查。案例 B 中第一个案件的受害人就是轻易点击诈骗分子发送的不明链接，不走正规的交易平台从而导致钱财损失。

（5）难以联系或退款。

虚假购物网站通常缺乏有效的联系方式或客服支持渠道，这使得消费者很难与商家联系。一旦消费者发现问题并尝试联系卖家，往往会发现卖家已经失联或无法提供有效的售后服务。消费者即使能够联系到卖家，也可能面临退款难、维权难等问题。

二、原因剖析：网络虚假购物诈骗高发的主要原因

网络虚假购物诈骗高发背后的原因复杂，这些原因相互交织，共同为诈骗分子提供了可乘之机，具体如下。

1. 信息不对称

在网络购物环境中，消费者往往难以全面、准确地了解商品的真实信息。诈骗分子利用这一点发布虚假的商品信息，通过低价、优惠等诱饵吸引消费者。同时，消费者对于购物平台的真伪、卖家的信誉度等信息也可能了解不足，这增加了他们遭遇诈骗的风险。在案例 B 的第一个案件中，受害人由于不了解商品交易的全部过程，且充分信任诈骗分子所提供的各种信息，因而选择在其他平台上进行交易，最终导致钱财被骗走。

2. 监管和执法难度大

虽然相关部门在打击网络诈骗方面投入了大量精力，但由于网络环境复杂，监管和执法难度较大。一些诈骗分子能够利用技术手段逃避监管，甚至在不同地区、不同平台之间流窜作案，增加了打击的难度。

3. 消费者的防范意识不足

部分消费者对于网络诈骗手段了解不多，容易被诈骗分子精心设计的骗局迷惑。同时，一些消费者在面对低价诱惑时，往往忽视了风险，盲目进行交易，从而陷入诈骗陷阱。以上几个案件均体现了消费者防范意识的不足。在案例 A 中，消费者虽然有一定的防范意识，但诈骗分子摸准了受害人心理，不断利用套

路使其上当受骗,A女士最终没能抵挡住诱惑,陷入诈骗陷阱。

4.网络技术的发展使作案手段更加多元化

随着网络技术的不断进步,诈骗分子可以利用各种技术手段进行伪装和欺骗,使得诈骗行为更加难以识别和防范。在案例B的第三个案件中,诈骗分子切换多种诈骗模式,利用虚假钓鱼网站,使得受害人最终损失接近4万元。

三、防骗策略:网络虚假购物诈骗的应对举措

为了警惕并有效防范网络虚假购物诈骗,可以采取以下应对举措。

1.提高个人防范意识

首先,大学生要时刻保持警惕,对任何过于优惠或看似不真实的购物信息持怀疑态度。网络虚假购物诈骗往往以极低的价格或巨大的优惠为诱饵,吸引消费者上当。因此,遇到这类信息时,不要轻易相信,务必仔细核实。其次,要注意保护个人信息和账户安全。在购物过程中,不要随意泄露个人敏感信息,如身份证号、银行卡号、手机号等。对于来源不明的链接或附件,要高度怀疑是否为钓鱼网站,不要随意点击或下载,以免个人信息被窃取。同时,定期更新账户密码,使用强密码,确保账户安全。在交易过程中,要保持与卖家的沟通,并留意交易细节。如果卖家提供的交易方式、物流信息等与正常交易流程不同,或者存在其他异常情况,要及时提出疑问并核实。此外,对于先付款后发货或支付额外费用等要求,要保持警惕,避免资金被骗取。最后,如果发现自己遭遇了网络虚假购物诈骗,要立即报警并向相关平台或机构投诉,提供详细的证据和信息,协助警方和平台进行调查和处理。同时,也可以向身边的亲友或消费者组织寻求帮助和支持。

2.选择正规购物平台

选择正规的购物平台是防范网络购物诈骗的关键之一。在选择购物平台时,建议选择知名度高、口碑好、具有一定规模和信誉的平台,避免在未经认证或声誉不佳的小平台上购物。首先,大学生要确保购物平台具有合法经营资质和良好信誉,可以查看其官方网站或相关政府部门的注册信息,确认其是否具备合法经营资格。同时,可以通过搜索该平台的用户评价、媒体报道等,了解其口碑和信誉情况。选择有良好声誉、被广大用户认可的平台,可以降低遭遇诈骗的风险。其次,要关注购物平台的售后服务和退换货政策。正规购物平台通常会有

完善的售后服务体系,为用户提供退换货、维修等保障措施。在选择平台时,可以了解其售后服务政策和流程,确保在遇到问题时能够及时得到解决。再次,要注意购物平台的支付方式和安全性。正规平台通常会提供多种安全可靠的支付方式,如第三方支付、货到付款等,并保障用户的账户和资金安全。在选择平台时,可以了解其支付方式和安全保障措施,避免使用不安全或未知的支付方式。同时,要留意购物平台的商品信息和价格。正规平台上的商品信息通常准确、详细,商品价格合理。如果某个平台上的商品价格远低于市场价或商品信息存在明显错误,要保持警惕,避免购买到虚假或劣质商品。最后,可以参考其他用户的购物经验和推荐,向身边的朋友、家人或同学了解他们常用的购物平台,并听取他们的建议和意见。此外,也可以查看购物平台的用户评价、社交媒体上的讨论等,了解其他用户的购物体验和反馈。

3.谨慎交易

首先,在交易前大学生务必了解清楚商品的信息,包括商品的详细描述、价格、规格、产地等。不要被华丽的图片或夸大的宣传语迷惑,要仔细阅读商品详情,了解清楚商品的真实情况。其次,在与卖家沟通时,要保持理性和警惕。不要轻易相信卖家的口头承诺或保证,尤其是退换货、售后服务等方面,务必要求卖家提供明确的书面协议或保证,以便在出现问题时有据可依。再次,对于交易过程中的异常情况,要保持警惕并及时处理。例如,如果卖家突然提出更改交易方式或要求支付额外费用,要立即警觉并核实情况。如果发现任何可疑行为或欺诈迹象,要立即停止交易并报告相关平台或机构。在支付环节,也要格外小心。建议使用第三方支付或货到付款等安全支付方式,避免直接转账给卖家或使用其他不安全的支付方式。同时,要确保支付账户的安全,不要随意泄露账户密码或验证码。最后,在收到商品后,要仔细检查商品的质量和数量是否与订单一致。如果发现问题,要及时与卖家沟通并寻求解决方案。如果卖家无法解决问题或拒绝承担责任,可以向相关平台或机构投诉并寻求帮助。

4.及时举报和维权

大学生一旦发现自己遭遇了网络虚假购物诈骗,应立即向相关平台或机构举报。购物平台通常设有专门的举报渠道,可以通过这些渠道向平台反映问题,并提供相关证据。也可以向消费者协会、公安机关等部门举报,寻求帮助和支持。在举报时,要提供尽可能详细的信息和证据,包括购物平台的名称、卖家的信息、交易记录、聊天记录、支付凭证等。这些证据有助于相关部门了解案情,进行调查和取证。如果可能的话,还要保存与卖家的通话录音或视频作为证据。

大学生作为消费者，可以通过法律途径维权。如果购物平台未能解决问题或卖家拒绝承担责任，消费者可以向法院提起诉讼，要求赔偿损失。在此过程中，建议大学生咨询专业律师或法律援助机构，了解相关法律规定和诉讼程序。同时，大学生在维权过程中要保持冷静和理性，不要采取过激行为或进行言语攻击，要与平台和卖家进行协商和沟通，争取合理解决问题。如果协商无果，可以寻求第三方机构或部门的协助和调解。最后，大学生应关注相关部门的公告和警示信息，了解网络虚假购物诈骗的最新动态和防范措施，加强自身的防范意识，提高识别虚假购物信息的能力，避免遭遇诈骗。

概言之，防范网络虚假购物诈骗需要从多个方面入手，如提高警惕、选择正规平台、核实商品信息、谨慎交易、保护个人信息以及及时举报和维权。唯有如此，新时代大学生才能在网络购物中保障自己的权益。

案例六:冒充客服诈骗

案例 A:假客服真诈骗①

2019 年 5 月,郭某在谢某、陈某纠集下,与向某等 6 人结成诈骗犯罪团伙,以乡下偏僻房屋为作案窝点,从不法渠道获取受害人快递信息后,假冒快递公司客服人员,拨打不特定受害人电话,谎称受害人快递物品丢失或意外损坏,需要通过网络理赔。骗取受害人信任后,该犯罪团伙通过添加受害人微信好友,诱骗受害人登录钓鱼网站并填写银行卡号、密码等信息,在钓鱼网站后台获取受害人上述信息,进行网银转账操作。受害人收到转账所需验证码后,该犯罪团伙诱骗受害人说出或在钓鱼网站中填写验证码。骗取验证码后,该犯罪团伙即将受害人银行卡存款转至他们控制的银行卡中。截至案发,该犯罪团伙骗取多名受害人钱款累计 9.7 万余元。

案例 B:被冒充电商客服诈骗 22800 元②

2024 年 3 月 18 日,李先生接到自称某短视频平台客服的电话,对方称李先生在短视频平台上直播需每年缴纳 9600 元年费,如不缴纳会影响直播功能的使用。李先生通过虚假客服发送的陌生链接缴纳完年费后,对方又以银行卡账户被冻结为由,要求李先生多次转账,后李先生因账户未解冻发现被骗。

案例 C:不关闭直播功能就扣钱③

2024 年 3 月 26 日,方女士接到一个陌生电话,对方自称是中国农业银行的工作人员。对方告知方女士说她在短视频平台开通了直播功能,开通这个功能后每月会自动从银行卡中扣除费用,扣费会导致银行账户不安全,询问其是否关

---

① 澎湃新闻:《拍案说法 | 假客服真诈骗,小心快递客服"陷阱"!》,https://www.thepaper.cn/newsDetail_forward_26854117.

② 澎湃新闻:《【反诈防骗】最新 5 起电信诈骗典型案例,速看转发!!》,https://m.thepaper.cn/baijiahao_26866014.

③ 兰州新闻网:《兰州新区公安局发布典型电诈案件预警　不取消直播功能就扣钱?冒充客服类诈骗又有新剧本》,https://www.lzbs.com.cn/fazhi/2024-04-01/content_506111373.htm.

闭此功能。方女士没有怀疑,按照对方要求开启了屏幕共享,并在对方的指导下进行操作,最终导致银行卡内金额被分批转走,这时方女士才意识到被骗,遂报警。

案例D:"退学费"变"交学费"?

2024年3月14日,魏女士接到自称某培训机构"客服"的陌生电话,对方称魏女士报名学习的某社会培训课程因不符合国家规定,现可以申请全额退款。魏女士想起自己确实在去年报名学习了该课程,于是在"客服"的引导下添加了对方的QQ,并按照对方发来的退费流程下载了"君睿基办"App。魏女士注册并登录该App后,一位自称是"退费专员"的账号添加了魏女士,并称现在有206元资金已转入魏女士平台账户,需要魏女士绑卡领取,剩余的钱款则需要魏女士在App上以购买"基金"的方式退还。魏女士按照对方的引导操作,没过多久,魏女士的银行账户上果然多出了206元,于是她完全相信了对方的话,并在该App上多次购买"基金",总金额为12.6万元。直到购买的"基金"无法提现,魏女士才发现被骗,遂向辖区派出所报警求助。

案例解析

如今,网购已成大学生生活常态,正当大家满怀期待等待接收快递时,一些诈骗分子却冒充客服,以快递破损理赔等为由进行诈骗,让人真假难辨。

一、概念解读:冒充客服诈骗的含义、类型及特点

1.含义

冒充客服诈骗是一种常见的网络诈骗手段,诈骗分子假扮成知名品牌或在线服务的客服人员,以获取受害者的个人信息、账户信息或金钱。诈骗分子通过非法渠道获取网购买家信息及快递信息后,冒充电商客服或快递公司客服等,与受害人取得联系。他们以商品质量问题、快递丢失、操作失误等为借口,诱导受害人进行退款、退货或赔偿等操作。在此过程中,诈骗分子会要求受害人提供银行卡号、密码、验证码等敏感信息,或诱导受害人进行转账、贷款等操作,从而骗取受害人的钱财。

2.类型

(1)冒充客服退款诈骗。

诈骗分子通常会假装成知名公司或服务提供商的客服人员,谎称受害人的网购商品出现问题,如质量问题、快递丢失等,声称用户有资格获得退款,诱导受害人转账或提供银行卡号、手机验证码等信息,进而实施诈骗。案例A描述了诈骗分子如何以快递有问题为由实施网络诈骗。可以看出网络诈骗犯罪成本极低、技术含量不高。这类诈骗由于存在信息差且容易使得受害人轻信,故诈骗案例数量及金额依然居高不下。

(2)冒充客服注销账户诈骗。

冒充客服账户注销诈骗是一种针对用户账户安全的常见网络诈骗手段。诈骗分子冒充平台客服,谎称受害人注册的账户不符合国家政策,需配合注销,否则将影响个人征信。取得受害人信任后,诈骗分子以注销账户需要清空贷款额度为由,要求受害人提取账户额度,并转移至其指定账户,从而实施诈骗。除了网贷平台客服外,诈骗分子也会伪装成银行平台、直播平台等其他消费平台客服,同样以注销账户为由诱导受害人转移资金。在案件C中,诈骗分子伪装成银行客服,以关闭直播功能为由,通过屏幕共享分批转走受害人多笔账户资金,最终造成巨大损失。

(3)冒充客服取消会员资格诈骗。

冒充客服取消会员资格诈骗是一种常见的网络诈骗手段,通常是冒充知名品牌或服务提供商的客服人员,向用户发送虚假通知,声称需要取消用户的会员资格并要求其提供个人信息或支付费用。冒充客服取消会员资格诈骗一般的步骤如下。

①发出虚假通知。诈骗分子会发送电子邮件、短信或通过电话联系受害者，声称是某家公司的客服人员。他们声称检测到用户的会员资格存在问题，需要取消或更新用户的会员资格。

②要求验证信息。为了"帮助"用户取消会员资格，诈骗分子通常会要求受害者提供个人信息或账户凭据，例如用户名、密码、银行卡信息等。他们可能会声称需要这些信息来进行安全验证或处理会员资格的取消请求。

③收取操作费用。诈骗分子可能会声称取消会员资格需要支付费用或者提供额外的服务。他们会要求受害者提供银行卡信息或进行线上支付，以获取费用或者实施其他欺诈行为。

（4）冒充客服消除不良征信记录诈骗。

冒充客服消除不良征信记录诈骗是一种利用人们对于征信记录重要性的认知，以及对修复征信记录的渴望进行的网络诈骗。诈骗分子以能够帮助消除不良征信记录为诱饵，诱使受害人支付"服务费"或提供个人信息，进而实施诈骗。冒充客服消除不良征信记录诈骗的一般套路如下。

①虚假承诺。诈骗分子通常通过电子邮件、短信、电话或社交媒体等渠道联系受害者，声称是某家信用修复机构或公司的客服人员。他们声称可以帮助受害者消除或修复其不良的征信记录，提高其信用分数。

②费用索要。为了"帮助"受害者解决征信记录问题，诈骗分子通常会要求受害者支付高额的费用。他们可能会声称这些费用是用于处理法律问题、支付手续费或提供专业服务的。

③信息提供。为了进行征信记录修复，诈骗分子可能会要求受害者提供个人信息，包括姓名、住址、社保账号、银行卡信息等。他们声称需要这些信息来处理受害者的征信记录或提交相关文件。

④凭空消失。一旦受害者支付了费用或提供了个人信息，诈骗分子可能会失联，不再联系受害者，或者提供虚假的服务，根本不可能对受害者的征信记录进行修复。

3. 特点

（1）假冒身份。

诈骗分子会假冒电商平台、快递公司或金融机构的客服人员，通过伪造官方标识、使用假冒的客服电话或利用社交软件等方式，让受害者误信其身份。在案例A中，诈骗分子冒充快递公司客服人员，案例B中则冒充短视频平台客服人员，而在案例C中又冒充银行工作人员。总而言之，诈骗分子会以多种身份出现在各种电话及社交平台里，让受害者防不胜防。

(2)针对性强。

诈骗分子往往通过非法手段获取受害者的个人信息,如网购订单、快递物流信息等,进而对受害者进行精准诈骗。他们知道受害者的购物记录、订单详情等,因此能够编造出更具说服力的谎言。在案例 A 中,诈骗分子通过非法手段获取快递信息,不仅有可供查询的钓鱼网站,还能够准确说出受害者的所有信息,包括姓名、快递单号、购物内容等,精准定位受害人群。

(3)制造紧迫感。

诈骗分子通常会制造一种紧迫感,声称如果不立即采取行动,将会导致订单失效、账户被冻结、个人信息泄露等严重后果,以此迫使受害者迅速作出反应。

(4)诱导转账或提供敏感信息。

诈骗分子会以退款、理赔、取消订单、注销账户等为由,诱导受害者进行转账操作或提供银行卡号、密码、手机验证码等敏感信息。他们可能会要求受害者通过非官方渠道进行支付或操作,以避开平台的监管。

(5)使用虚假网站或链接。

为了获取受害者的敏感信息或诱导其转账,诈骗分子可能会发送虚假的官方网站链接或二维码,这些链接或二维码实际上指向的是诈骗分子控制的恶意网站或支付页面。

(6)语言诱导与心理操控。

诈骗分子往往具备良好的口才和心理素质,能够用亲切、专业的语气与受害者沟通,使受害者产生信任感。他们还会利用受害者的恐惧、焦虑等心理进行心理操控,使受害者更容易上当受骗。

二、理性认知:冒充客服诈骗的危害

冒充客服诈骗对个人和社会都具有严重的危害,因此应该提高警惕,加强安全意识,避免成为诈骗的受害人。冒充客服诈骗的危害主要体现在以下四个方面。

1.财产损失

诈骗分子通过各种手段诱导受害人转账、提供银行卡信息或进行贷款操作,从而骗取受害人的钱财。一旦受害人将资金支付给诈骗分子,就很难有机会追回这些资金。受害人可能因此遭受重大经济损失,甚至陷入经济困境。

2.信息泄露

冒充客服诈骗通常涉及要求受害人提供个人敏感信息,如身份证号、银行卡号、信用卡号、社保账号、密码等。这些信息一旦被泄露,就可能会被诈骗分子用于进一步的犯罪活动,如盗刷银行卡、办理贷款等,给受害人带来极大的风险。

3.心理困扰

遭受诈骗的受害人可能出现心理和情感上的困扰,包括失落、焦虑和恐惧等,这些困扰甚至会影响其日常生活和工作。对于一些老年人或缺乏网络知识的群体来说,这种心理影响可能更为严重。特别是对于那些因为自己的轻信而遭受损失的人来说,可能会感到非常沮丧和绝望。

4.信任危机

冒充客服诈骗行为破坏了正常的客服服务秩序,导致消费者对客服人员的信任度降低,破坏了人们对于在线交流和交易的信任,影响电商、物流等行业的正常运营和声誉。

三、火眼金睛:冒充客服诈骗的套路解析

冒充客服诈骗是一种常见的网络诈骗手段,其套路通常包括以下几个步骤。

1.获取受害人信息

诈骗分子通过非法渠道获取受害人的个人信息和购物记录,了解受害人的购物习惯、收货地址等信息。在案例 A 中,诈骗分子通过非法手段获取受害人信息后逐个拨打电话,以取得受害人信任,并进行下一步操作。

2.伪装成客服人员

一旦获取了受害者的个人信息,诈骗分子就会利用这些信息进行伪装,以假乱真地冒充各类平台的客服人员与受害人联系。

3.精准实施诈骗

诈骗分子会以各种理由进行欺诈,如商品出现质量问题需要退款、快递丢失需要赔偿等。他们通常会要求受害人提供银行账户信息或进行转账操作,以便获取钱财。在以上案例中,包括但不限于快递丢失或损坏、缴纳年费、关闭直播

功能、赔款退款等理由。

4. 诱导受害人泄露敏感信息

在沟通过程中，诈骗分子可能会以各种方式诱导受害人泄露个人敏感信息，如银行卡号、密码等。

5. 威胁恐吓

如果受害人拒绝满足诈骗分子提出的要求，诈骗分子可能会采取威胁恐吓的手段，如告知受害人账户被盗刷、涉嫌洗钱等虚假信息，迫使受害人就范。

6. 立即失联

一旦诈骗成功，诈骗分子就会立即切断与受害人的联系，消失得无影无踪。

四、防骗策略：冒充客服诈骗的应对举措

大学生应特别警惕冒充客服诈骗，降低成为冒充客服诈骗的受害者的风险，保护个人信息和财产安全。具体应对举措如下。

1. 提高警惕，识别真伪

首先，保持冷静和理性。在接收到任何声称客服人员的电话或信息时，不要轻易相信，也不要急于作出反应。务必保持冷静，通过官方渠道进行核实。

其次，核实信息来源。在接收到任何涉及个人购物、退款、赔偿等事宜的信息时，不要直接回复或点击链接，而是要通过官方渠道进行验证。例如，可以登录购物平台的官方网站或使用官方 App 查询订单状态、物流信息等。此外，注意辨别电话和信息的真伪。正规客服电话通常会明确标注在购物平台的官方页面或账单上，而诈骗电话往往使用与官方电话相似的号码以进行混淆。同时，要注意检查信息的格式和内容是否规范，是否存在错别字、语法错误等异常现象。

再次，了解常见的诈骗手法和套路。通过学习和了解常见的诈骗手法，可以更好地识别和防范类似"冒充客服诈骗"的行为。例如，了解诈骗分子可能使用的虚假网站、链接、二维码等，避免点击或扫描来源不明的链接和二维码。同时，关注官方安全提示和预警。电商平台、物流公司等通常会发布相关的安全提示和预警信息，提醒用户注意防范诈骗。大学生可以关注这些官方渠道的信息，及时了解最新的诈骗动态和防范措施。

最后，提升自己的网络安全意识。在日常生活中要时刻保持警惕，不轻信陌生人的信息和电话。

2. 保护好个人信息

首先，大学生应当时刻保持对个人信息安全的警觉性。要意识到个人信息的重要性，避免随意泄露给陌生人。特别是在网络购物、社交媒体等平台上，不要随意公开个人敏感信息，如身份证号、家庭地址、电话号码等。

其次，大学生应学会妥善管理自己的账户和密码。对于购物网站、银行App等平台中的重要账户，要设置复杂且不易被猜到的密码，并定期更换。同时，避免在多个平台上使用同一个密码，以免一旦密码被泄露，多个账户的安全同时受到威胁。此外，大学生还应谨慎处理各类电话和信息。对于自称客服的电话，不要轻信其中的信息，尤其是涉及个人信息和账户安全的内容。要通过官方渠道核实信息的真实性，如直接联系电商平台或物流公司的官方客服。同时，不要随意点击来源不明的链接或下载来源不明的文件，以免个人信息被恶意获取。

再次，大学生可以利用一些技术手段来保护个人信息。例如，使用隐私保护软件防止个人信息被恶意收集；开启手机或电脑的防火墙和杀毒软件，防止黑客攻击和病毒入侵；定期备份和清理个人信息，降低信息泄露的风险。

最后，大学生应增强法律意识，了解个人信息保护的相关法律法规。在个人信息被泄露时，要及时报案，维护自己的合法权益。

3. 持续加强学习与了解

首先，大学生应该主动学习网络安全知识，包括了解常见的网络诈骗手法、识别诈骗信息的特征、学习如何保护个人信息等。可以通过参加学校组织的网络安全教育活动、阅读相关书籍或文章、关注网络安全公众号等途径获取这些知识。

其次，了解客服的工作流程和沟通方式。正规客服通常会通过官方渠道与客户联系，沟通内容也会涉及订单详情、售后服务等具体事项。大学生可以了解并熟悉这些流程和方式，以便在接到类似电话时能够迅速判断其真伪。

再次，大学生应关注最新的诈骗动态和案例。诈骗手法一直在不断更新，了解最新的诈骗方式和手段有助于大学生更好地识别和防范诈骗。可以通过新闻、警方通报、网络安全机构发布的报告等途径获取这些信息。

最后，大学生应该培养自己的独立思考和判断能力。在接到可疑电话或信息时，不要急于作出反应，而是要通过官方渠道进行核实，并思考和分析对方的言行举止是否合理。同时,也要学会拒绝不合常理的要求和诱惑,避免陷入诈骗陷阱。

4. 及时报警与维权

一旦发现自己遭遇了诈骗,大学生应立即联系辅导员,并拨打当地公安机关的报警电话,向警方详细陈述受骗经过,并提供相关证据,如聊天记录、转账记录等。报警时要保持冷静,清晰地描述事件经过,以便警方能够迅速了解情况并展开调查。如果诈骗行为涉及电商平台或物流公司,大学生还可以向相关平台或公司投诉,并提供相关证据。这些平台或公司通常设有专门的客服或投诉渠道,帮助用户解决纠纷和维权问题。同时,大学生在维权过程中,要注意保留好相关证据,如电话录音、短信截图、聊天记录等。这些证据在报警和投诉时能够发挥重要作用,帮助警方和平台了解事情真相,并采取相应的措施。大学生还可以向消费者协会或相关机构寻求帮助和支持,这些机构通常会提供法律咨询、维权指导等服务,帮助受害者维护自身权益。但在维权过程中,大学生要保持冷静和理性,不要与诈骗分子发生直接冲突或采取过激行为。同时,也要积极与警方、平台或相关机构沟通,配合他们的调查和处理工作。最后,大学生要时刻关注自己的账户和资金安全。如果发现账户异常或资金被盗刷,要立即联系银行或支付机构对其进行冻结和挂失,并报警。

概言之,大学生在面对冒充客服诈骗时,应保持冷静、提高警惕,保护好个人信息,谨慎处理退款和赔偿事宜,加强学习和了解相关知识,并及时报警和维权。这样才能有效降低被骗风险,维护自己的合法权益。

案例七:网络代购诈骗

案例 A:男子向代购购买名表,代购层层赚取差价[1]

朱某与童某两人因做二手奢侈品生意相识,两人均以倒卖高价二手手表为生。2022 年 10 月,朱某的客户杨先生想要购买某款奢侈品牌手表。由于生意上门,朱某马上向朋友童某寻求货源。之后,童某找到上家陈某,询问是否有该款手表,陈某表示可以 288 万元的价格提供货源。

童某在得到回复后,立即向朋友朱某表示可以 435 万元的售价提供所需款式手表,朱某欣然同意。为保障交易安全,朱某邀请朋友小李(鉴表人)参与,并组建了微信群,以确认手表购买及交付事宜。之后,按照交付流程,童某联系其上家陈某,要求提供手表图片及保修卡以证明货源是正品,陈某则表示,需要先支付 20 万元意向金才能提供相应凭证。随后,朱某即指示杨先生按童某的要求向陈某支付预付款 20 万元。

在看到陈某提供的手表图片及保修卡后,小李表示该手表为高仿品。朱某随即告知童某要终止交易,并要求退还预付款。在童某单方面与陈某协商下,陈某向杨先生退还 78200 元后,便无力偿还其余款项。朱某为避免声誉受损,便将剩余的 121800 元退还杨先生。之后,陈某因涉嫌诈骗被公安机关刑事拘留。

此后,朱某多次要求童某退还意向金均未果,即向安宁法院提起诉讼,要求童某退还意向金 121800 元及利息。

案例 B:上海静安警方破获一起"代购"奢侈品诈骗案[2]

2023 年 8 月初,上海市公安局静安分局江宁路派出所接到市民贾女士报案,称她的微信好友王某上个月以低价兜售某奢侈品牌商品为诱饵,骗走她的购货款 6000 余元。

---

① 澎湃新闻:《【聚焦 3.15】网络代购诈骗盛行 警惕高额利润背后的骗局》,https://www. thepaper. cn/newsDetail_forward_26710057.

② 中国青年报:《上海静安警方破获一起"代购"奢侈品诈骗案》,https://baijiahao. baidu. com/s? id=1777644399020316626&wfr=spider&for=pc.

贾女士此前是一名售货员,去年见过王某。贾女士说,王某当时穿着时尚,浑身上下都是名牌,给她留下不错的第一印象。2023 年 7 月,王某主动在微信上联系她,自称已到某奢侈品公司任职,公司要在国内扩大品牌影响力,近期将要办数场新品"内购会",届时顾客可以 2~3 折的价格购买一些新款产品,问贾女士是否有兴趣。王某还主动展示了部分"内购"时陈列的商品,贾女士当场便"付款"6000 余元订购了两件商品。然而,王某在收款后一直以"内购"没开始、进口商品数量不足等借口拖延发货或退款。

在调查王某行踪的阶段,派出所还查明 5 起类似案件,作案手法雷同,涉案总金额近 8 万元。2023 年 8 月 24 日,江宁路派出所组织警力赴外省对王某实施抓捕,并于当晚在属地警方的协助下将王某抓获归案。

经查,王某并非该奢侈品公司的员工,也并没有所谓的"内购"渠道。王某交代,2022 年 4 月至 2023 年 8 月,他多次通过冒充各奢侈品牌员工身份搭讪结交"客户",还不断地在自己的社交圈里进行人设包装来误导受害人。

江宁路派出所民警介绍,王某通常在认识受害人一个月后,通过微信、小红书等社交平台向受害人发送低价代购的虚假信息。本案中的另外一名受害人余女士反映,自己曾收到过王某发来的货,在确认了品质后才大量订购,至今仍有 4 万余元"货款"在王某手上。王某坦言,像余女士这样的"大客户",他会不惜成本维护,专门购买正品寄过去。像这样的"窟窿",王某都是自掏腰包填上,但如此"拆东墙补西墙"的做法只是烟幕弹,一旦时机成熟,王某便会"拉钩收网"。

王某冒充某奢侈品牌"内部员工",以"公司内购""全球代购"为幌子连续诈骗数人,非法获利近 8 万元。犯罪嫌疑人王某因涉嫌诈骗罪已被依法刑拘。

案例 C:反诈七天乐之警惕代购类诈骗①

陈小姐平常喜欢买包,春节假期她刷微博时收到了一条私信,对方自称是意大利代购,有大量便宜的包包。陈小姐添加对方为好友后,看中了一款 9800 元的包,并按照要求支付了 2000 元定金。次日,对方发视频称已购买,要求陈小姐支付尾款。几日后,陈小姐不仅查询不到物流,还发现已被对方拉黑。警方提示:网络购物一定要通过正规渠道,一旦遇到店主要求先付款或加缴关税的情况,应果断放弃,以防被骗。

---

① 新浪网:《反诈七天乐之警惕代购类诈骗》,https://k. sina. com. cn/article_1675961211_m63e5237b033025x06. html.

案例解析

近年来，随着大众，尤其是青年群体消费观念的日益转变，奢侈品代购已成为一个不容忽视的市场。然而，奢侈品代购市场的高额利润也吸引了不少诈骗分子，他们会通过各种手段进行诈骗。大学生作为新时代青年，应时刻保持警惕，不要因为禁不住一时的诱惑而忽略可能存在的骗局和风险。

一、概念解读：网络代购诈骗的含义、类型及特点

1.含义

网络代购诈骗是指诈骗分子利用互联网平台，以虚假的身份或承诺进行代购活动，其目的在于骗取他人的钱财或个人信息，获取不正当利益，是一种严重的违法行为。这种诈骗类型可能涉及虚假销售、仿冒品牌、低价诱饵、虚假代购等多种手法。具体来说，网络代购诈骗的常见手法包括发布虚假商品信息、虚构交易记录、伪造评价和反馈、假冒品牌等。受害者往往因为追求低价或特定商品而陷入骗局，最终可能收到劣质商品、仿冒品，甚至根本收不到商品，同时损失钱财。

2.类型

（1）货物以次充好。

诈骗分子会向消费者发送一些事先准备好的购物视频、购物凭证或物流信息，让消费者误以为自己购买的是正品。这种诈骗行为包括用次品、劣质品或根本不符合描述的商品冒充高质量正品或符合描述的商品，以欺骗消费者。在案例 A 中，诈骗分子正是通过高仿手表对受害人实施诈骗，以价格更低的产品冒充正规产品，从中赚取高额利润。这种以次充好包括外观欺骗、功能不全、品牌伪装、质量差异以及材料差异等多种形式。

（2）收款不发货。

收款不发货即收取货款但没有提供相应的商品或服务，从而欺骗消费者以获取不当利益。诈骗分子通过"海外代购""量多价优"等诱人信息吸引消费者，当消费者选定商品并支付定金、保证金、尾款或运输费等费用后，诈骗分子往往会消失，不再发货，并且可能将受害者的联系方式拉入黑名单。案例 B 和案例 C 都是这种典型的诈骗手法。在案例 B 中，受害人贾女士上当付款后，诈骗分子便以"进口商品数量不足"为由延迟发货。在案例 C 中，受害人也没有立即反应

过来已经上当受骗,在无法查询到快递信息后才选择报警。同时,诈骗分子也选择切断联系来逃避法律责任。

（3）假客服代购诈骗。

假客服代购诈骗是指诈骗分子冒充知名品牌或平台的客服人员,以代购商品或提供服务的名义,诱骗受害者向其支付款项。一旦受害者支付了款项,诈骗分子就会消失,不再提供任何实际的商品或服务。

（4）理赔诈骗。

理赔诈骗是指诈骗分子通过非法渠道获得消费者的个人信息以及购买记录后,伪装成商家客服甚至快递客服,通过电话、短信以及社交平台等告知消费者商品的出售流程出现意外,承诺按照法律法规进行赔偿。随后诈骗分子发送所谓的"理赔"链接,诱导消费者点击并输入包括验证码和银行卡密码在内的私密信息,从而导致诈骗行为发生。此类诈骗都利用了消费者的信任,因此消费者在进行网络代购时,应提高警惕,仔细核实信息,并选择信誉良好的代购渠道,一定要严防此类网络诈骗行为。

3. 特点

（1）虚假信息宣传。

虚假信息宣传是指故意发布不实、夸大或误导性的信息以推销产品。诈骗分子通常会在网络平台（如微信朋友圈、微信群、购物网站等）发布虚假的采购、发货图文信息,使用免税店、折扣店的现场图片（这些图片往往是从网上盗取或犯罪团伙共用的）。他们还会不时地发表一些与代购相关的生活化信息,如海外风景、海关信息等,以增加其可信度。在案例B中,诈骗分子在受害人的朋友圈内展现出专业、美好的一面,使受害人一步步跌进陷阱。同时,他们可能盗取他人的身份证信息,伪造相关身份证明,以进一步骗取受害人的信任。

(2)虚构交易记录和评价。

诈骗分子在与受害人取得联系后,通过在社交平台虚构交易记录、转账数额以及快递信息等,营造真实代购的情境。这些虚假的交易记录和评价往往看起来非常真实,但实际上都是诈骗分子为了欺骗消费者而精心制作的。在案例A中,诈骗分子拿出高仿手表照片以及伪造的正品凭证就表明其为了获得受害人的信任做足了准备。

(3)商家虚假定位。

诈骗分子为了增加诈骗的真实性,会通过各种手段伪造自己的出国经历,例如发布国外风景和美食照片,通过软件将自己的朋友圈定位设置为国外。通过这种虚假定位让消费者误以为他们真的在国外,从而更容易相信他们的代购服务。

(4)打价格战。

诈骗分子通常会以极低的价格吸引消费者,这些价格往往远低于市场价。消费者在面对如此诱人的价格时,很容易忽略其他风险因素,从而陷入诈骗陷阱。

(5)收款后消失。

一旦消费者支付了款项,诈骗分子往往会失联,不再回应消费者的任何询问。或者他们可能会以各种理由推脱发货,如商品被海关扣下、需要加缴关税等,但实际上这些理由都是编造的。在案例C中,诈骗分子谎称已经购买商品并要求受害者支付尾款,在受害者反应过来时诈骗分子已经失联。

二、理性认知：网络代购诈骗的危害

网络代购诈骗给当代大学生带来的伤害是多方面的,其危害不仅涉及经济损失,还可能给大学生带来心理问题、社交危机以及法律风险,具体如下。

1.经济损失

大学生通常缺乏丰富的社会经验和充分的辨识能力,这使得他们更容易成为网络代购诈骗的受害者。大学生如果因网络代购被诈骗,可能影响学费、住宿费、生活费等方面费用的支付。这些经济损失不仅影响大学生的日常生活和学习,还可能给他们带来长期的经济压力。

2.心理压力

大学生被网络代购诈骗后,可能会产生自责、羞愧、焦虑等心理问题。他们可能会对自己的判断力产生怀疑,会变得更加怀疑自我,对他人和社会产生不信任感,甚至对自己的未来感到迷茫和绝望。这些心理问题可能影响大学生的正常学习和生活,甚至导致他们陷入更深的困境。

3.法律风险

部分大学生在被网络代购诈骗后可能会采取非法手段维权,如散播虚假信息、恶意攻击他人等,这些行为可能引发法律风险。同时,如果大学生不慎参与到代购诈骗活动中,还可能触犯法律,面临严重的法律后果。

三、火眼金睛:网络代购诈骗的常见套路解析

网络代购诈骗套路多样,需要警惕以下五大套路。

1.低价诱饵

诈骗分子通常会发布远低于市场价的商品信息,以吸引消费者关注。这种低价策略往往让消费者心动,进而忽略其中的风险因素。然而,一旦消费者支付款项,诈骗分子便可能提供劣质商品或消失。

2.伪造身份

为了增加可信度,诈骗分子会伪造身份信息和定位。他们可能声称自己在国外工作或经常出国,发布虚假的国外定位信息,甚至盗用他人的身份证信息。除此之外,诈骗分子也会虚构自己的职业,构建相对合理的身份进行诈骗。例如,在案例 B 中,诈骗分子精心设计自己奢侈品牌公司职员的身份,在受害人身边长期潜伏以获取信任。这些虚假身份和定位信息使受害人误以为他们是真的代购,从而更容易上当受骗。

3.收款不发货

首先,诈骗分子会在各大网络平台发布虚假优惠信息,例如"内部购买""量多从优"等。为了获取受害人的信任,诈骗分子还会伪造代购记录以及他人购买的转账和好评记录。然而,在支付款项后,受害人却不会收到任何货物,这就是收款不发货。在案例 B 和案件 C 中,一方面,诈骗分子编造各种理由延迟发货;

另一方面，在钱款到账后，诈骗分子会直接切断和受害者的联系，增加追回钱款的难度。

4.货物以次充好

尽管诈骗分子会在社交网络平台发布所谓的购物记录、购物视频以及购物好评等，但这些只是诈骗分子获取受害人信任的一种手段。受害人上当转账后，诈骗分子有可能用伪劣产品应付受害人，也有可能直接拉黑受害人。在以上案例中，诈骗分子通过虚假的购物视频、购物图片以及购物记录，甚至展示伪造的商品以获取受害人的信任。受害人信以为真后，诈骗分子立即"收网"，携款潜逃。

5.连环诈骗

在特定情况下，诈骗分子可能会采取连环诈骗的手段。他们在成功骗取一笔款项后，继续以各种理由要求消费者支付额外费用，如关税、运费等。在受害人上钩并支付"定金""保证金"等钱款后，诈骗分子还会以海关清关等理由，进行二次诈骗并索取"尾款"，达到连环诈骗的目的。这种连环诈骗往往让消费者陷入更深的困境。在案例 B 中，诈骗分子为了获取最大利益，甚至会购买名牌商品作为诱饵，以进行连环诈骗。

四、防骗策略：网络代购诈骗的应对举措

网络代购诈骗是一个复杂而严重的问题，当代大学生在应对和防范网络代购诈骗时，可以采取以下具体举措。

1.增强风险意识

第一，深入了解网络代购诈骗风险。大学生应主动了解网络代购诈骗的常见类型、手段和特点，认识网络代购背后的潜在风险。可以通过阅读相关新闻报道、案例分析或参与学校组织的讲座、培训等方式，增加对诈骗风险的认知。

第二，警惕低价诱惑。要明白商品价格往往与质量成正比，对于价格远低于市场价的商品要保持警惕。不要轻信过于夸大的优惠宣传，避免被低价诱惑蒙蔽。

第三，保护个人信息。大学生要了解个人信息的重要性，避免随意将个人信息泄露给陌生人。在交易过程中，不要轻易提供身份证号、银行卡号等敏感信息。如果必须提供这些信息，要确保在安全的环境下进行，并核实对方的身份和资质。

第四,树立正确的消费观念。理性对待购物需求,避免盲目跟风或冲动消费。明确自己的预算和需求,选择适合自己的商品和购物方式。同时,要学会拒绝不必要的诱惑,不贪图小便宜。

第五,关注官方渠道和安全提示。大学生要多关注学校、警方或相关机构发布的网络安全提示和警示信息,及时了解最新的诈骗手法和防范措施。同时,可以关注官方渠道发布的商品信息和促销活动,避免上当受骗。

2.选择正规渠道购买商品

选择正规渠道购买商品是大学生防范网络代购诈骗的重要一环。

第一,辨识商家信誉,查看商家评价和反馈。在购买前,务必查看商家的客户评价和反馈,这可以帮助了解商家的服务质量、商品质量以及售后情况。如果有大量负面评价,特别是关于诈骗或商品质量问题的,应谨慎考虑是否购买。

第二,核实商家资质,了解商家的经营资质和注册信息。正规商家通常会在网站或平台上展示营业执照、税务登记证等相关证件。如果商家无法提供或拒绝提供这些信息,则可能存在风险。

第三,注意商家经营时间,经营时间较长的商家通常更有信誉。新成立的商家虽然也可能提供优质服务,但相对而言,风险可能更高。

第四,最好选择官方网店或品牌授权店铺。购买品牌商品时,尽量选择品牌的官方网店或授权店铺。这些店铺销售的商品通常有质量保障,且售后服务更可靠。

第五,避免非正规渠道。尽量避免通过非正规渠道购买商品,如个人微信、微博等社交平台上的代购。这些渠道的商品来源不明,质量难以得到保证,且一旦发生纠纷,维权难度较大。

此外,购物时还应注意比较不同商家的价格、服务等信息,不要单纯追求低价。低价往往伴随着高风险,可能导致购买到劣质商品或遭遇诈骗。

3.在交易前全面了解企业或商品的相关信息,做到事前防范

在交易前全面了解企业或商品的相关信息,对于大学生防范网络代购诈骗至关重要。

第一,深入了解企业的背景和信誉。可以通过企业的官方网站、社交媒体账号等渠道,获取企业的基本信息、发展历程、经营范围等。同时,可以在网络上搜索该企业的评价和口碑,了解其他消费者的购物体验和反馈。如果企业存在较多的负面评价或投诉,应谨慎考虑是否与其进行交易。

第二,仔细研究商品的信息。商品信息包括商品的成分、效果、产地、生产日期、保质期等,要确保自己购买的商品符合需求和期望。对于价格异常低廉的商品,要特别警惕是否存在质量问题或假冒伪劣的风险。

第三,核实商家的联系方式和地址。确保商家提供的电话号码、微信号等联系方式真实有效,并能够与之取得联系。同时,可以查询商家的注册地址或经营场所,了解其是否具备实体店面或仓库,以判断其经营规模和实力。在交易前,还可以与商家进行充分的沟通,询问商品的详细信息、售后服务政策等,观察商家的回复是否及时、专业,并留意其是否避重就轻或提供模糊信息。如果发现商家存在不诚实或隐瞒事实的情况,应果断放弃交易。同时,还可以利用第三方平台或工具进行查询和验证。例如,在购物网站或 App 上查看商家的信用评级、历史交易记录等;使用搜索引擎或反诈骗平台查询企业或商品的相关信息和案例;通过咨询专业人士或行业内的朋友获取更多的意见和建议。

第四,要保持警惕和理性思考。不要被商家的夸张宣传或低价迷惑,要时刻保持清醒的头脑和准确的判断力。在交易前,要仔细权衡利弊并分析交易风险,确保自己的权益得到保障。

4.积极参与学校组织的法制和安全防范教育活动,提高防范意识

第一,大学生应充分认识到参与法制和安全防范教育活动的重要性。这些活动不仅有助于增强法律意识和安全意识,还能提供实用的防范知识和技巧,帮助大学生更好地应对网络代购诈骗等。

第二,大学生应主动关注学校发布的法制和安全防范教育活动信息,并积极参加。这些活动的形式可能包括讲座、研讨会、案例分析等,大学生可以根据自己的兴趣和时间选择参加。在参与过程中,要保持积极学习的态度,认真听讲、做好笔记,并积极参与讨论和提问。

第三,大学生要充分利用学校提供的资源和平台,进一步拓展自己的法律和安全防范知识。例如,可以访问学校的官方网站或图书馆,查阅法律和安全防范方面的书籍、文章和资料;也可以参加学校组织的模拟演练或实践活动,通过实际操作来巩固和应用所学知识。

第四,大学生要将所学的法律和安全防范知识分享给身边的同学和朋友,共同提高防范意识。可以组织小组讨论或分享会,交流彼此的经验和心得;也可以在社交媒体上发布相关文章或视频,扩大影响范围。

第五,大学生应时刻保持警惕,将所学的防范知识应用到日常生活中。在购物时,要注意识别商家信誉、核实商品信息;在交易时,要保护个人信息、警惕虚假链接;在遇到可疑情况时,要及时报警或向相关部门求助。

5.及时报案、大胆揭发

第一,当大学生意识到自己可能遭遇网络代购诈骗时,应及时报案。要保留好与诈骗分子的所有交流记录,包括聊天记录、转账记录等,这些证据至关重要。同时,尽快向当地公安机关报案,详细陈述被骗经过并提供相关证据。报案时,要保持冷静,客观描述事实,不要遗漏重要信息。

第二,大学生在报案过程中要大胆揭发诈骗分子的罪行。不要因为担心报复或面子问题而隐瞒事实真相,只有勇敢地站出来指认诈骗分子,才能为警方提供更多线索,帮助他们更快地破案。也可以向身边的同学、朋友或在社交媒体平台上分享自己的经历,提醒他们注意防范类似诈骗。

第三,大学生还可以通过其他途径进行揭发。例如,向电商平台或社交媒体平台举报诈骗分子的账号,防止更多人受害。这些平台通常会有专门的举报机制,大学生可以根据平台要求进行操作。

第四,在及时报案和大胆揭发的同时,大学生也要加强自身的防范意识。要时刻保持警惕,不轻信陌生人的代购承诺,选择正规渠道购买商品。同时,要提高自己的网络安全素养,学习如何识别网络代购诈骗和网络代购诈骗防范技巧。

综上所述,大学生应通过增强风险意识、选择正规渠道、事前防范、积极参与教育活动以及及时报案等多种方式,全面应对和防范网络代购诈骗。此外,相关部门也应加强监管和打击力度,严厉打击网络代购诈骗等违法犯罪行为。通过加强宣传教育、提高公众防范意识、加强技术防范等措施,共同营造安全健康、文明和谐的网络购物环境。

案例八：网络游戏诈骗

案例 A：游戏诈骗套路深，"氪金"慎入坑！[①]

宁河公安分局造甲城派出所接辖区群众小王报警，称他因购买游戏中的货币被骗3100元。接警后，办案民警迅速开展案件侦查工作。

经了解，小王平时唯一的爱好就是玩网络游戏，不仅舍得投入时间，更舍得花钱。最近，小王想要购买游戏内的一件装备，但因游戏货币不够，便想着购买一些游戏货币。这天，小王在游戏中找到了一名"游戏货币贩子"，了解价格后小王觉得比较合适，而且这名"贩子"在游戏中接连几天都带着小王"下副本"做任务，小王觉得这名"贩子"比较义气，可信度很高，便通过支付宝向对方转账3100元购买游戏货币，没想到对方收款后就迅速将小王拉黑。

办案民警严格把握电信诈骗案件侦破的"黄金时段"，全力开展案件侦查工作。通过层层梳理、逐一排查，"贩子"赵某的轮廓逐渐清晰起来，随后民警远赴河南安阳将赵某一举抓获。

经讯问，赵某如实供述了自己在游戏中诈骗他人钱财的犯罪事实。赵某称平时经常在游戏的"世界公屏"中浏览需要购买游戏货币玩家的发言，锁定目标后便主动与其交流，通过免费带对方升级、"下副本"等方式获取对方信任，并在对方转账后将对方拉黑。

赵某因涉嫌诈骗被依法采取刑事强制措施，案件正在进一步调查中。

[①] 澎湃新闻：《宁警一线｜游戏诈骗套路深，"氪金"慎入坑！》，https://m.thepaper.cn/baijiahao_26888038.

案例 B:游戏诈骗套路深,一不小心就"入坑"[①]

2023 年 2 月,江苏镇江公安从本地辖区一起普通的游戏类诈骗入手,侦查发现多个诈骗团伙冒充交易网站客服,以缴纳各种保证金的名义要求受害人转账,并通过购买游戏卡券、游戏积分兑换等新型渠道进行诈骗。

江苏镇江公安高度重视,紧急部署网安、刑侦等部门抽调精干警力成立专案组,经过 3 个月的深挖细究,发现白某腾、陈某增、黎某康等多个网络诈骗以及"帮信"黑灰产团伙。2023 年 5 月,专案组立即组织上百名警力,赴海南、河南、福建等地开展集中收网行动,捣毁一个实施诈骗、技术运维、洗钱跑分等多种犯罪行为的全链条犯罪团伙,共计抓获犯罪嫌疑人 26 名,查扣涉案资金 200 余万元。

案例 C:网络游戏诈骗盯上未成年人[②]

近日,沁阳市一名小学生张某拿着母亲的手机玩游戏时,无意间看到同款游戏抽奖视频,张某点击链接,结果抽到了一个免费的游戏人物皮肤。在张某领取时,"客服"告知因其操作不当账户被冻结,需要张某听指挥继续配合,否则家长要承担法律责任,还得赔偿几万元。张某很害怕,担心父母真的要承担责任,就按照对方的要求下载了多款手机 App,一步步进行转账操作。当天晚上,家长发现账户上少了 8000 多元。

民警介绍,该案是典型的网络游戏诈骗。诈骗分子通过各种途径发布广告,称可以免费领取游戏皮肤,或者低价出售游戏账号。未成年人一旦上钩,诈骗分子就称账户被冻结等,并编造各种理由进行恐吓。诈骗分子利用未成年人做错事不敢告诉父母的心理,再让其瞒着家长下载诈骗 App 或告知银行卡信息,从而骗取钱款。

案例解析

近年来,随着网络技术的不断进步和智能手机的普及,越来越多的大学生广泛参与到网络游戏中,成为一个庞大的用户群体。这为诈骗分子"输送"了大量的潜在受害者,使得网络游戏诈骗变得有利可图。

---

① 包头铁道职业技术学院党委宣传部:《【国家网络安全宣传周】游戏诈骗套路深,一不小心就"入坑"》,htts://mp. weixin. qq. com/s? __biz = MzIwODgxNTYxMg= = &mid = 2247757365&idx=6&sn=7f6330ec034f3d8bc4dac90407756b68&chksm=9773faa6a00473b0 2d82652c78497fec8df23645bf42caf14dc0047effc78b80618ef109755b&scene=27.

② 人民号:《网络游戏诈骗盯上未成年人》,https://rmh. pdnews. cn/Pc/ArtInfoApi/article? id=40524172.

一、概念解读:网络游戏诈骗的含义、类型及特点

1.含义

网络游戏诈骗是一种利用网络游戏平台进行的诈骗行为,主要是指诈骗分子以网络游戏为平台,利用玩家对游戏内虚拟物品的追求和渴望,通过各种手段骗取玩家的钱财。

2.类型

通过以上案例可以看出,这些诈骗手段包括但不限于游戏装备交易、游戏账号交易、游戏货币交易、游戏点卡交易、游戏元宝交易、各类激活码交易和游戏材料交易等。诈骗分子通常会发布低价广告诱人上当,诱骗受害人注册账号并充值,然后在交易过程中以各种名目,如激活费、验证金、保证金、大额退款保证金等骗取玩家的钱财。

3.特点

(1)诈骗分子通常会利用热门网络游戏网站或平台,向玩家发送消息,兜售点卡、发布装备账号交易或游戏代练信息等。他们明码标价,价格从几十元到几千元不等,以此吸引玩家的注意并伺机行骗。如在案例 A 中,诈骗分子以"游戏货币贩子"的身份,不仅在游戏平台发布各种交易信息,而且通过几场游戏与受害人建立友好的关系,趁受害人信任他们、降低警惕进行诈骗。

(2)诈骗分子会利用玩家追求极品装备的心理,以低价诱使玩家进行交易。他们往往以各种名目,如激活费、验证金、保证金等,要求玩家先转账,然后以各种理由拖延或拒绝交易,从而骗取玩家的钱财。在案例 B 中,诈骗分子不仅利用传统诈骗手法,例如提交保证金、激活账号等手段进行诈骗,还通过购买游戏卡券、游戏积分兑换等新型渠道进行诈骗。

(3)诈骗分子会利用游戏漏洞进行诈骗。例如他们会假意将高级别账号高价卖给玩家,但早已把账号里的高价值装备以及虚拟货币转手给他人,从中获取两份收益。在诈骗手法上,诈骗分子常常采用数字游戏法、突然调包法、冒名借用法、长线钓鱼法、抛物快抢法等。他们故意在交易金额上少打一个"0",或者在交易时迅速替换装备,或者冒充玩家的好友借钱借物,或者在与玩家建立信任后骗取玩家的装备或账号信息。

(4)网络游戏诈骗往往具有隐蔽性和难以追踪的特点。诈骗分子通常使用

虚拟身份进行诈骗活动,使得受害者难以追踪和举报。同时,一些网络游戏平台也存在监管不力的问题,未能有效预防和打击诈骗行为。

二、理性认知:网络游戏诈骗的危害

1.带来经济损失

由于大学生通常没有稳定的收入,一旦被骗,可能会对他们的经济状况造成严重影响。这种经济损失不仅会影响他们的生活质量,还可能导致他们背负沉重的债务。

2.危害心理健康

受骗后,大学生可能会产生自责、内疚、愤怒和无助等负面情绪,这些情绪会对他们的心理健康造成不良影响。一些大学生甚至可能会因此产生自卑、焦虑、抑郁等心理问题,严重者还可能出现自杀倾向。

3.影响学业和未来发展

由于陷入网络游戏诈骗的困境,大学生可能会花费大量时间和精力去处理相关事宜,从而忽略了学业和个人发展。这可能导致他们的学业成绩下降,甚至无法顺利完成学业,进而影响他们的未来职业规划和发展。

4. 影响人际交往

受骗后，大学生可能会对社会和他人失去信任，导致他们出现人际交往障碍。这种信任危机不仅会影响他们的社交生活，还可能对他们的未来职业发展造成不利影响。

三、火眼金睛：网络游戏诈骗的套路解析

网络游戏诈骗的套路多种多样，但通常都是利用玩家的心理和需求进行诈骗的。一般来讲，常见的网络游戏诈骗套路主要包括以下四种。

1. 冒充代练或低价出售游戏道具

诈骗分子会在游戏交易平台中发布虚假代练、出售商品广告，声称可以低价代练游戏角色、打造装备或以低价销售游戏道具。他们通常会要求玩家先行支付部分费用，然后在收到钱款后消失，或者盗取玩家的装备和游戏币。

2. 游戏账号、装备虚假交易

诈骗分子会在网络上发布游戏装备、游戏账号的广告信息，诱导玩家进入虚假的游戏交易平台进行交易。他们可能会通过制作虚假的交易截图来获取玩家的信任，然后以各种理由要求玩家转账或提供账号信息，最终骗取钱财或盗取账号。

3. 免费福利诈骗

诈骗分子会在游戏内发布虚假信息，声称添加特定的联系方式就可以领取免费皮肤、游戏道具等福利。然而，这些所谓的"免费福利"往往需要玩家提供个人信息或进行某些操作，诈骗分子就可以从中骗取玩家的隐私信息或钱财。

4. 盗号诈骗

诈骗分子可能会通过钓鱼网站、恶意软件等手段盗取玩家的游戏账号和密码。一旦得手，他们就会冒充玩家向其游戏内的好友发送虚假信息，以借钱、购买装备等理由骗取更多钱财。

四、防骗策略：网络游戏诈骗的应对举措

1. 大学生应加强自身的网络安全意识

在数字化时代，网络安全问题，尤其是网络游戏诈骗层出不穷，而大学生作为网络用户的主力军，更容易成为网络游戏诈骗的主要目标群体。对此，第一，大学生要强化密码管理。使用复杂且难以猜测的密码，并定期更换。避免在多个平台使用相同的密码，以防止一旦某个游戏账户被破解，其他账户也面临风险。第二，识别网络钓鱼。学会识别网络钓鱼攻击，不要随意点击来源不明的链接或未知附件。这些链接或附件可能包含恶意软件，会窃取个人信息或破坏计算机系统。第三，保护个人隐私。在各类网游平台上谨慎分享个人信息，如家庭住址、电话号码等。这些信息可能被不法分子用以进行诈骗或其他犯罪活动。第四，谨慎使用公共 Wi-Fi。在使用公共 Wi-Fi 时要特别小心，因为这些网络可能不安全。尽量避免在这些网络上进行敏感操作，如网银交易或登录重要账户。第五，了解网络游戏诈骗手法。学习并了解各种网络游戏诈骗手法，遇到可疑情况时，要保持警惕并及时向相关部门举报。

2. 大学生应积极参加学校组织的网络安全教育活动

网络游戏诈骗是当前网络环境中一个极其严重且复杂的问题，而大学生作为网络游戏的主要用户群体之一，往往更容易成为诈骗分子的目标。因此，提高大学生对网络游戏诈骗的防范能力至关重要。首先，学校组织的网络安全教育活动可以为大学生提供关于网络游戏诈骗的重要信息和应对策略。通过参与这些活动，大学生可以了解网络游戏诈骗的常见手法、特征和趋势，从而增强对诈骗行为的警觉性。同时，这些活动还可以提供实用的防诈骗技巧和方法，帮助大学生识别诈骗，避免其成为诈骗的受害者。其次，除了提高警觉性外，积极参与网络安全教育活动还可以帮助大学生培养正确的网络安全意识和行为习惯。通过学习和实践，大学生可以更好地保护自己的个人信息和账号安全，不轻易泄露敏感信息，避免被诈骗分子利用。最后，网络安全教育活动能够为大学生提供一个交流和分享的平台。在活动中，大学生可以与其他同学分享自己的经验和教训，共同探讨如何更好地防范网络游戏诈骗。这种互动不仅有助于加深对网络安全问题的理解，还能增强大学生的防范意识和能力。

3.高校应采取一系列举措加强网络游戏诈骗治理

首先,高校应建立完善的网络安全制度和管理机制。制定校园网络安全规定,明确学生在网络游戏中的行为规范和责任。同时,加强对校园网络的监管,防止诈骗分子利用校园网络进行诈骗活动。其次,高校应加强与技术公司或安全机构的协同合作,共同研发和推广防范网络游戏诈骗的技术手段。例如,开发安全插件或软件,帮助学生识别和屏蔽诈骗信息,提供安全的游戏环境。再次,高校要设立网络安全举报平台,鼓励学生积极举报网络游戏诈骗行为。若举报属实,可以给予一定的奖励,激励学生参与网络安全维护。此外,加强家校合作也是非常关键的一环。高校可以通过家长会、座谈会等形式,向家长普及网络游戏诈骗的风险,引导家长关注学生的网络活动,共同防范网络游戏诈骗。最后,高校应持续关注网络游戏诈骗的最新动态和趋势,及时更新防范措施和教育内容,确保学生的网络安全得到长期有效的保障。

综上所述,应对网络游戏诈骗需要个人、高校和社会多方面的共同努力。通过加强安全意识、养成良好的上网习惯、参与安全教育活动以及建立有效的监测和预警机制等措施,有效防范和打击各类网络游戏诈骗行为。

案例九:网络虚假中奖诈骗

案例 A:虚假中奖套路深　大学生被骗数万元①

购物就能参加抽奖,还能百分之百中奖,奖品不乏大牌化妆品、高档手机等。真有这种好事?一旦你信以为真,就一步步落入了诈骗分子的圈套。近期,一些大学生就陷入了虚假中奖的陷阱。

某校大二学生李某在某视频平台看到了一个关于大品牌口红的视频,在该视频中,工作人员声称,只要添加微信好友就能免费领取两支口红。抱着试一试的心态,李某添加了对方的微信,并按要求将收货地址和电话发了过去。不久后,对方称李某中奖了,奖品是一部最新款的苹果手机,但奖品只能随需要购买的固定商品一起发货。在对方的引导下,李某下单并购买了 1178 元的固定商品,还按要求支付了从海外直发需要缴纳的 2000 元"关税"。就这样,多次操作后,李某被骗走 10000 余元。

某校大一学生赵某某,在某网站看到化妆品大促销的信息后添加了某商家微信。该商家工作人员称,每下单 298 元就可以参与一次抽奖,中奖率百分之百。于是,赵某某购买了 298 元的化妆品,参与抽奖并抽中了 200 元红包。没想到,该工作人员真的将 200 元红包发了过来。为获取更多的抽奖机会,赵某某前后下单 3 次转账共 894 元,并"抽中"了最新款手表和手机,价值共计 13000 余元。很快,工作人员以目前两款商品均没货为由,告诉赵某某,可以向其进行7 折返现,即返现 9000 余元。赵某某同意后,工作人员称,需要先进行虚拟下单才能把钱打到账户上。在工作人员的引导及操作下,赵某某发现自己银行卡内的余额竟被扣了 12998 元。之后,工作人员又告诉赵某某,因其转账操作错误造成系统卡单,需要再次进行虚拟下单操作。这时,赵某某才意识到自己被骗了,但为时已晚,诈骗分子早已将赵某某拉黑。

---

① 光明网:《虚假中奖套路深　大学生被骗数万元》,https://m.gmw.cn/2023-12/22/content_1303609145.htm.

案例 B：幸运大转盘抽奖①

5月3日，王某在海口市龙华区城西镇通过微博看到一条信息，称其获得抽奖机会，可在对方微博里任意选购三款产品，也可折现。王某抱着侥幸心理参加该活动，进行了三次抽奖，分别获得奖品 iPhone 14 Pro Max、红包6666元、iPhone 14。

随后对方称王某在幸运大转盘所获奖品共可折现28442元人民币，接着让其缴税1422.1元人民币，王某支付后对方要求添加QQ，目的是审核身份，又以各种理由让王某继续向指定账户转账。王某多次转账后，察觉不对劲，遂意识到被骗，共计被骗金额7522元。

案例 C：网上购物抽大奖，这个诈骗团伙15人获刑②

2019年12月，诈骗分子周密谋划，形成了以被告人程某、张某娟为组织者、领导者和策划者，被告人杨某峰等15人为成员的犯罪集团。该犯罪集团以辽宁某公司网上商城化妆品销售作幌子，以"购买298元的化妆品套餐即可参加一次抽奖"为噱头，利用伪装成壁纸博主的微信号，大肆宣传参与购物抽奖即有机会中苹果手机、平板电脑大奖及以"福袋"或"300商城积分"兑换手机、平板电脑或等额现金红包等虚假信息，诱骗不特定受害人扫码付款抽奖。待受害人上钩后，便通过事先筛选的抽奖程序控制开奖结果，使参与抽奖的受害人不可能中大奖，亦无机会兑换大奖，最后被告人程某安排发货，给受害人邮寄低廉化妆品、手链和香水等商品或奖品。经计算，2019年12月至2020年7月，该犯罪集团采用上述手段共计诈骗1831727.44元，已查证的受害者达222人。

案例解析

随着网络技术的不断进步，互联网已经成为人们获取信息、交流沟通、购物消费的重要平台。然而，与此同时，网络犯罪也日益猖獗，其中网络诈骗尤为突出。在这一背景下，网络虚假中奖诈骗成为一种典型的网络诈骗手段，相关案件与日俱增。

① 光明网：《虚假中奖、投资理财、冒充熟人……这些骗局海南已有人中招！》，https://baijiahao.baidu.com/s?id=17660187683338021362&wfr=spider&for=pc.

② 澎湃新闻：《【以案说法】网上购物抽大奖，这个诈骗团伙15人获刑……》，https://www.thepaper.cn/newsDetail_forward_11462278.

一、概念解读:网络虚假中奖诈骗的含义、类型及特点

1.含义

网络虚假中奖诈骗是一种常见的网络诈骗手段,主要是指诈骗分子利用网络平台,如电子邮件、社交媒体、短信或电话等,向受害者发送虚假的中奖通知,通过虚假的中奖信息诱骗受害者,让他们相信自己中了某项奖品或彩票,从而骗取他们的个人信息、财物或金钱。在诈骗分子发给受害者的通知中,他们声称受害者已经赢得了某种奖品,如高额现金、奢侈品、电子产品等,并以此为诱饵,要求受害者提供个人银行账号、家庭地址、身份证号等敏感信息,或以各种名义要求受害者支付一定的费用,如手续费、税费、保证金、邮费等。然而,一旦受害者支付了这些费用或提供了个人信息,诈骗分子就会失联,而受害者则无法获得所谓的奖品,还可能面临财产损失和个人信息泄露的风险。实际上,这些所谓的奖品根本不存在,诈骗分子的目的是诱骗受害者泄露个人信息或直接获取他们的财产。

2.类型

结合上述案例分析,按照虚假中奖类别来分类,网络虚假中奖诈骗可以分为假冒彩票中奖诈骗、虚假抽奖中奖诈骗以及虚假商品试用中奖诈骗。按照虚假中奖的网络平台分类,主要可分为以下几种。

(1)邮件或信函诈骗。

诈骗分子通过电子邮件或传统信函发送伪造的中奖通知。这些通知通常声称受害者赢得了大奖,但要领取奖品,就要支付手续费、税费或其他费用。受害者一旦支付这些费用,往往就无法联系到诈骗分子,也无法获得所谓的奖品。

(2)短信诈骗。

诈骗分子利用短信告知受害者他们中了大奖。这些短信通常包含钓鱼网站链接,以此诱导受害者点击并提供个人信息或支付费用。

(3)社交媒体和即时通信工具诈骗。

通过社交媒体平台或即时通信工具(如微信、QQ 等)发送虚假的中奖消息。诈骗分子可能会冒充知名公司或品牌,声称受害者在其举办的抽奖活动中中奖,然后通过诱导受害者点击恶意链接或提供个人信息来实施诈骗。在以上三个案例中,诈骗分子均注册微信、QQ、微博等社交账号,在网络平台散布诱骗信息,

逐步引导受害者"上钩"并进行转账。

(4)假冒网站和弹窗广告诈骗。

诈骗分子创建与真实网站相似的假冒网站,通过弹窗广告或搜索引擎优化技术吸引受害者访问。一旦受害者访问这些网站并输入个人信息,诈骗分子就可以获取这些信息并将其用于非法目的。在案例 C 中,诈骗分子虚构抽奖程序,操控抽奖结果,以低廉的商品诱使受害者投入大额钱款。

(5)软件弹窗或游戏内置广告诈骗。

在一些免费软件或游戏中,诈骗分子可能会插入伪造的中奖弹窗或广告,声称用户赢得了大奖。当用户点击这些弹窗或广告时,他们可能会被诱导提供个人信息或下载恶意软件。

3.特点

(1)虚假的中奖信息。

诈骗分子会发送虚假的中奖信息,通常声称受害者已经赢得了大奖,如高额现金、昂贵物品等。这些信息往往极具诱惑力,容易让人因贪婪心理而上当受骗。在案例 A 中,诈骗分子向受害者发送中奖信息,而这些奖品正是受害者梦寐以求的物品,于是受害者没有抵制住诱惑,陷入诈骗陷阱。

(2)支付费用才能领奖。

在告知受害者中奖后,诈骗分子会以各种名义要求受害者支付一定的费用,如手续费、税费、保证金等,以领取奖品。这些费用通常通过不可追溯的方式支付,如转账到个人银行账户或使用虚拟货币。如在案例 A 和案例 B 中,诈骗分子发送中奖信息后要求受害者支付税金,或者点击来源不明的链接和下载未知软件,受害者将账款打给诈骗分子后,诈骗分子立即携款潜逃。

(3)有个人信息泄露风险。

为了领奖,诈骗分子往往会要求受害者提供个人信息,如姓名、家庭地址、银行账号、电话号码等。这些信息可能被用于进一步的诈骗活动,如身份盗用。

(4)高度伪装的诈骗手段。

诈骗分子会精心伪装自己的身份,冒充知名品牌、热门节目或官方网站工作人员等,以增加可信度。他们还会用专业的设计和文案来制作看似真实的虚假中奖通知。在上述三个案件中,诈骗分子均精心伪造中奖视频、中奖网站和中奖软件诱惑受害人上当,而实际上诈骗分子可以后台操纵相关页面,构造诈骗陷阱。

(5)利用人们的贪婪心理。

网络虚假中奖诈骗充分利用了人们的贪婪心理。许多人在收到中奖信息时,往往会被眼前的利益迷惑,忽略了对信息真实性的验证。在案例 A 中,诈骗分子通过返利的方式,降低受害人赵某某的警惕心理。而受害人为了获得更多"福利",选择投入更多资金,最终导致受骗金额巨大。

(6)难以追踪和追回损失。

由于网络诈骗具有隐蔽性,一旦受害者支付了费用或提供了个人信息,很难追踪到诈骗分子的真实身份和位置。同时,由于电子支付的不可逆性,受害者支付的费用也很难追回。

二、理性认知:网络虚假中奖诈骗的危害

网络虚假中奖诈骗的主要危害体现在以下几个方面。

1.财产损失

大学生通常经济能力相对较弱,没有稳定的收入,对金钱的管理和保护意识不够强,因此更容易成为诈骗分子的目标,最终导致财产损失。一旦被骗,这些资金损失可能对他们的生活和学习造成严重影响。

2.个人信息泄露

在虚假中奖诈骗中,诈骗分子往往会要求受害者提供个人信息,如身份证号、银行卡号、电话号码等。大学生可能由于缺乏经验而不够警惕,导致个人隐私信息被泄露,进而被用于更多的诈骗活动或其他不法行为,导致如身份盗用、金融欺诈等更严重的后果。

3.产生心理创伤

遭遇网络虚假中奖诈骗后，大学生可能会感到愤怒、沮丧和自责等，对网络和社会产生不信任感，心理压力增加。一些受害者可能因此失去对他人的信任，变得更加谨慎和封闭。

4.学业备受影响

若大学生遭遇网络虚假中奖诈骗，经济压力和心理压力可能分散大学生的注意力，本应用于学习、社交和个人发展的时间和精力，却被浪费在了虚假中奖诈骗上，进而影响学习效率和学业成绩。在极端情况下，一些学生可能因此无法完成学业。

5.社交关系受损

如果大学生因被骗而向朋友或家人借钱，可能会对他们的社交关系造成负面影响。此外，被诈骗的经历也可能让他们在未来的人际交往中变得更加谨慎和多疑。

6.潜在法律风险

在某些时候，大学生可能在不知情的情况下成为诈骗分子的帮凶，例如转发虚假信息或给诈骗分子提供他人个人信息，这可能使他们面临法律的追责。

三、火眼金睛：网络虚假中奖诈骗的作案手法解析

诈骗分子在网络社交平台上发布虚假中奖信息，引诱受害人参与，从而实施诈骗。结合案例分析，一般来讲，网络虚假中奖诈骗的套路通常包括以下步骤。

1.制造虚假中奖信息

网络虚假中奖诈骗行为往往通过各种途径进行，包括电子邮件、短信、社交媒体、论坛等。诈骗分子会制造虚假的中奖信息并发送虚假的中奖通知给受害者，声称他们赢得了某种奖品或奖金，通常包含欺骗性的内容，如"您已经中了彩票大奖"或"您是幸运的抽奖赢家"，以引起受害者的注意和兴趣。在上述三个案例中，诈骗分子均伪造中奖信息，有的打着免费抽奖的旗号，有的为了增加真实性要求缴纳一定费用后再进行抽奖。总而言之，诈骗分子通过制造虚假的中奖信息，引起受害者的注意。

2.要求受害者支付费用

在受害者相信自己中奖后,诈骗分子会提出各种理由要求受害者支付一定费用,如手续费、税费、保证金、快递费等,支付后才能领取奖品。这些费用看似合理,但实际上只是诈骗分子敛财的手段。如在案例 A 中,由于大学生没有社会经验,不知道中奖后的真实流程,直到支付完所谓的"关税"后才意识到上当受骗。

3.诱导受害者提供个人信息

为了领奖,诈骗分子可能会要求受害者提供个人信息,如姓名、身份证号、家庭地址、电话号码、银行卡号等。这些信息随后可能被用于进一步的诈骗活动,如身份盗用或金融欺诈。

4.消失或推脱

一旦受害者支付了费用或提供了个人信息,诈骗分子可能就会失联,或者以各种理由推脱,不发放奖品。有时,他们甚至会继续要求受害者支付更多的费用。例如在案例 A 中,诈骗分子拉黑受害者之前进行了连环诈骗,要求大学生赵某某通过持续下单购买虚拟产品,并将其银行卡余额全部转出。

5.利用虚假 App 或网络程序

诈骗分子可能会创建虚假的网站或 App,以增加诈骗的可信度。这些网站或 App 可能看起来非常专业,但实际上只是为了诱骗受害者提供个人信息或支付费用。在案例 C 中,诈骗集团通过技术手段构造抽奖程序,看似公平的抽奖其实完全由诈骗分子主导,在受害者上钩后便立即删除拉黑。

四、防骗策略:网络虚假中奖诈骗的应对策略

网络虚假中奖诈骗利用了人们的贪婪心理,尤其是人们在收到看似来自知名品牌或热门节目的中奖通知时,更容易上当受骗。大学生作为易受骗群体,需要提高警惕,加强网络安全意识,不要轻信未经核实的网络中奖信息,以避免成为网络虚假中奖诈骗的受害者,具体应对策略如下。

1.增强网络安全意识

首先,大学生要充分认识到网络安全的重要性,并时刻保持警惕。网络虚假

中奖诈骗是网络犯罪的一种常见形式，诈骗分子往往利用人们的贪婪心理进行诱骗。因此，大学生应该时刻提醒自己，不要轻信任何来源不明的中奖信息，尤其是那些要求提供个人信息、银行账户或支付费用的信息。其次，大学生应该学会保护自己的个人信息。不要随意在网络上泄露自己的姓名、地址、电话号码等敏感信息，特别是在不安全的网络环境下。同时，要谨慎处理社交媒体上的个人信息，确保隐私设置得当，避免被诈骗分子利用。再次，大学生要养成良好的上网习惯。不要随意点击未知来源的链接或下载不明附件，以防恶意软件侵入。同时，定期更新操作系统和软件，及时修复已知的安全漏洞，降低被攻击的风险。最后，大学生要通过学习网络安全知识来提高自己的防范能力。可以参加学校组织的网络安全教育活动，或者利用互联网资源学习网络安全的基础知识和防范措施，了解最新的网络安全威胁和防御手段，更好地保护自己不受网络诈骗的侵害。

2. 核实中奖信息

第一，联系官方渠道。大学生可尝试通过该活动或彩票的官方网站、客服电话或其他官方社交媒体渠道联系主办方，确认中奖信息的真实性。不要仅依赖中奖信息中提供的联系方式，因为这些可能是诈骗分子伪造的。

第二，搜索相关信息。利用搜索引擎查找与此次中奖活动相关的公开信息，看是否有其他人分享过类似的中奖经历，或者是否有关于该活动的官方公告。

第三，查证活动细节。仔细核对中奖信息中的所有细节，包括活动名称、中奖号码、领奖方式等，确保这些信息与主办方公布的信息完全一致。

第四，咨询亲友或专业人士。在确信中奖信息为真之前，可以与亲友或网络安全方面的专业人士讨论，听取他们的意见和建议。

第五，警惕非正常领奖要求。如果中奖信息要求先支付费用（如手续费、税费等）再领奖，或者领奖方式异常复杂，就很可能是诈骗。真正的中奖活动通常不会要求中奖者支付任何费用。

第六，查看邮件或消息来源。仔细检查收到中奖信息的邮件或消息的来源。诈骗邮件可能伪装成官方消息，但仔细观察通常能发现拼写错误、不专业的排版或其他可疑迹象。

第七，不要急于行动。即使收到看似真实的中奖信息，也不要急于按照信息中的指示行动。给自己一些时间来核实信息的真实性，避免在兴奋的状态下做出仓促的决定。

3.谨慎支付费用

第一,核实费用信息。在支付任何费用之前,大学生都应核实费用的合理性、合法性及必要性。如果收到要求支付手续费、税费等的通知,首先要通过官方渠道确认这些费用的真实性。

第二,选择安全的支付方式。使用信誉良好的第三方支付平台或银行卡进行支付,避免使用不安全的支付方式。启用支付密码、指纹识别或双重认证等安全功能,增加支付的安全性。

第三,警惕非正常支付要求。真正的中奖通常不需要中奖者支付任何费用,若对方坚持要求先支付费用再领奖,就很可能是诈骗。不要被"限时支付""紧急处理"等催促手段影响判断,给自己足够的时间核实信息。

第四,保护个人信息。在支付过程中,注意不要泄露个人敏感信息,如银行账户详情、信用卡安全码等。确保连接的是安全网络(如 HTTPS),避免在公共或不安全的网络环境下进行支付操作。

第五,记录支付细节。保留支付记录、交易号等证据,以备后续可能出现的争议或查询需要。

通过以上举措,大学生在面对网络虚假中奖诈骗时能够更谨慎地处理支付环节,从而有效降低被骗的风险。同时,这些做法也有助于培养大学生对网络支付安全问题的敏感性和应对能力。

4.及时报警与咨询

第一,及时报警。大学生遇到此类诈骗时,应立即拨打当地报警电话,报告受骗情况,并向警方提供详细的信息,包括诈骗分子的联系方式、诈骗手段、涉及的金额等,以便警方展开调查。如果保存有与诈骗分子的聊天记录、转账记录或其他相关证据,应一并提供给警方。

第二,寻求咨询与帮助。联系学校安全部门或辅导员,向他们咨询并寻求帮助。咨询当地的消费者权益保护机构或消费者协会,了解相关的法律法规和维权途径。还可以向当地的银行或金融机构咨询,了解如何实施冻结被骗资金、更改账户密码等安全措施。在网络上寻找相关的反诈骗组织或论坛,与其他受害者交流经验,了解更多的防范和应对措施。

综上所述,大学生应对网络虚假中奖诈骗有保持警惕、保护个人信息、核实中奖信息、不轻易点击不明链接、谨慎支付费用、及时报警和咨询以及学习网络安全知识等策略。这些策略可以帮助大学生更好地识别和防范网络诈骗,保护自身财产安全和个人隐私。

案例十:大学生网恋诈骗

案例A:恋爱"杀猪盘"诈骗多名女大学生[①]

2023年3月至7月,被告人李某某通过社交软件先后认识多名女大学生。在微信聊天中,李某某谎称自己有车有房,在天津市有正式工作,取得了上述人员的信任。时机成熟后,李某某编造家人生病住院、赔偿宾馆损失等各种虚假事由,陆续骗取财物共计27819.5元。李某某将骗得的钱款全部用于网络赌博和日常消费。

法院经审理认为,被告人李某某以非法占有为目的,采用虚构事实的方式,多次骗取他人财物,其行为已构成诈骗罪。结合李某某犯罪情节、认罪悔罪态度和社会危害性,依法以诈骗罪判处被告人李某某有期徒刑一年零八个月,并处罚金1万元。被告人非法所得27819.5元依法继续追缴后退还各受害人。

———

① 澎湃新闻:《恋爱"杀猪盘"诈骗多名女大学生,法院判决来了!》,https://www.thepaper.cn/newsDetail_forward_26671304.

案例 B：大学生"兼职"参与"网恋"团伙诈骗①

在网上确认恋爱关系后，给对方送了一万多块钱的礼物，却连面都见不到，"网恋"背后另有真相？近日，苏州市相城区人民检察院公布了审理的一起利用"网络恋爱"的团伙诈骗案，在这个案件中，有多名在校大学生受到了牵连。

2022 年年初，李先生在网上认识了一个名叫"可可"的女子，两人很快就确定了恋爱关系，对方提出恋爱要有仪式感，要相互赠送礼物，并给李先生发了一个店铺的链接，沉浸在恋爱中的李先生立马就在该店铺选购了一件礼物。几天后，他也如约收到了可可寄来的礼物。之后，对方又让李先生买了一些首饰、口红等物品，但是对于李先生提出的见面要求，可可一直不答应。后来，李先生就不愿意在平台上买东西了，紧接着他发现自己被拉黑了。此时，已经为可可花了一万多块钱的李先生意识到自己被骗了，赶紧报了警。警方在调查研判后，根据网店信息锁定了作案人员，并抓获了以谭某为首的诈骗团伙，共计 20 余人。经查，谭某等人合谋开设网店，招募团队在网上冒充女性，通过聊天软件搭识男性受害人，以谈恋爱、互赠礼物等为由，让受害人在这家网店购买礼品，骗取他人财物。

检察官介绍，受害人在网店平台上下单之后，钱就进了平台后台。为了不让受害人怀疑，他们也会给受害人寄东西。他们在平台上假装下单，并截图给受害人看，然后把订单取消，实际没有付款，再通过其他平台买一些便宜的、假冒的东西寄给受害人。

经查，该团伙诈骗受害人财物合计 34 万余元。到案后，团伙中 16 名犯罪嫌疑人因涉嫌诈骗罪，被移送检察机关审查起诉。审查期间，检察官发现，该诈骗团伙中，80% 以上都是在读大学生，受害人在网店每下一单，他们就可以拿到 60%～70% 的提成。这些大学生主要是在暑期或者周末兼职的过程中参与到这个团伙中的，参与进来之后就知道是诈骗，因为他们要冒充女性跟受害人进行联系，在进行诈骗时，为了应付受害人，他们会叫来自己的女朋友或者女同学与受害人打语音电话。

目前，谭某等 4 名主犯以诈骗罪被判处有期徒刑三年至六年零六个月，并处罚金，大学生刘某等 4 人被判处九个月至二年不等的有期徒刑，缓期执行并处罚金。

检察官介绍，对于犯罪情节较轻的大学生，以教育感化为主，做出不起诉决定或者适用缓刑。检察官提醒，在社会交往过程中，特别是在恋爱关系中，对通

---

① 光明网：《骗取受害人下单便可拿提成，大学生竟"兼职"参与"网恋"团伙诈骗》，https://m.gmw.cn/2023-10/21/content_1303546083.htm.

过网络等方式结识陌生人时，要谨慎审查对方的身份，不能轻易相信他人，尤其是那些身份故弄玄虚、张口闭口提钱、拒绝见面的人，绝大多数是诈骗分子在利用"人设"实施诈骗，千万不可被情感迷失头脑，让自身遭受重大损失。一旦发现被骗，切记整理、留存证据，第一时间报警，维护自己的合法权益。

 **案例解析**

随着互联网和智能手机的广泛普及，人们越来越多地通过网络进行社交活动，包括寻找恋爱对象。这种便捷的社交方式也为诈骗分子提供了新的机会。他们利用网络平台，以虚假身份、虚假信息和甜言蜜语等诱骗大学生陷入网恋，并实施诈骗。

一、概念解读：大学生网恋诈骗的含义、类型及特点

1.含义

大学生网恋诈骗是在网络上进行的恋爱关系中的一种欺诈行为，是指针对大学生群体通过网络平台进行的虚假恋情骗局。诈骗分子可能会在社交媒体、交友软件或网络论坛等平台上假扮成他人，利用虚构的身份和故事吸引大学生的注意力，与其建立感情关系，并最终以各种理由向其索要金钱或其他财物，以达到非法牟利的目的。这种骗局利用了大学生对网络世界好奇、缺乏经验和易受感情蒙蔽的特点，使他们成为诈骗的目标。

2.类型

大学生网恋诈骗类型可能与针对其他人群的诈骗类型类似，但在大学生群体中可能更具有特定性。以下是一些常见的类型。

（1）职业诈骗分子型。

诈骗分子可能会假扮大学生或者使用虚假的学生身份进行网恋，以引诱受害者相信他们有着共同点，从而建立起感情联系。这类诈骗分子的主要目的是骗取小额钱财。他们可能会伪装成各种身份，与大学生建立网恋关系，然后以各种理由向受害者索要钱财，如虚构生病需要医疗费用等紧急情况。在案例A中，诈骗分子便以各种理由向受害者索要钱财。而案例B中，诈骗分子发现受害者有所警觉不再转账后，便将其拉黑删除。

（2）感情诈骗分子型。

这类诈骗者往往以感情为诱饵，迅速与大学生建立亲密关系，然后以各种方式要求确定关系。一旦关系确立，他们可能会消失得无影无踪，对受害者的感情造成极大伤害。

（3）大型诈骗团伙型。

这类诈骗通常组织严密、分工明确，利用人们的心理弱点来牟取大额利益。他们可能会利用社交网站或交友平台伪装成成功人士，与大学生建立婚恋关系，通过赠送昂贵礼品等手段取得信任，然后诱导受害者参与非法投资、博彩等活动，最终骗取大量钱财。在案例 B 中，诈骗分子组成一个诈骗集团，各人分工明确，为了获取受害者信任，甚至邀请其他女生参与进来，以此诱骗受害者掉入诈骗陷阱。

无论哪种类型，大学生都应该保持警惕，增强网络安全意识，避免轻易相信陌生人的甜言蜜语。在网恋过程中，要注意保护个人隐私，不要轻易泄露个人信息和财务信息。同时，学校和社会也应加强宣传教育，提高大学生对网恋诈骗的识别和防范能力。

3.特点

（1）利用大学生情感需求。

大学生正处于情感丰富、渴望与异性交往的时期，诈骗分子往往利用这一点，通过甜言蜜语、嘘寒问暖迅速与大学生建立"深厚感情"。一旦建立这种感情关系，大学生往往会对对方产生信任，甚至愿意为对方付出一切。

（2）身份信息虚假化。

诈骗分子通常会打造成功人士、高颜值异性等人设，通过虚假的照片、身份信息和故事来迷惑大学生。他们可能会精心编造一个完美的人物背景,以获取大学生的信任和好感。在案例A中,诈骗分子伪装成"高富帅",以各种理由诱使涉世未深的女生为其花钱。

(3)以金钱财物诱骗。

诈骗分子在取得大学生的信任后,会利用各种理由和借口向大学生索要钱财。这些理由可能包括虚构的紧急情况、生活困难、投资机会等。大学生由于情感上的信任,往往容易上当受骗。在上述案例中,诈骗分子最常以家人生病和投资项目为理由,诱导受害人频繁向其转账。当受害人有所察觉时,诈骗分子要么将其拉黑,要么给一点甜头以便进行连环诈骗。

(4)社交媒体工具化。

大学生网恋诈骗往往发生在社交媒体上,诈骗分子将这类媒体作为聊天工具。这些平台提供了便捷的交友和沟通方式,但也为诈骗分子提供了隐藏身份和行骗的便利条件。诈骗分子可以轻易地改变自己的身份信息和联系方式,使大学生难以追踪和防范。

(5)诈骗过程隐蔽化。

大学生网恋诈骗往往具有持续性和隐蔽性。诈骗分子可能会与大学生保持长期的联系,通过不断的沟通和交流来加深感情。同时,他们也会避免提及真实身份和具体情况,以保持神秘感和迷惑性。

二、原因剖析:大学生网恋诈骗产生的原因

大学生网恋诈骗产生的原因是多方面的,涉及个体、社会、技术和心理等多个层面。

1.个体层面

首先,社会经验不足。大学生处于从学校到社会的过渡阶段,缺乏丰富的生活经验,人际交往能力较弱。他们更容易相信他人,对网恋诈骗的识别能力相对较弱。其次,情感需求强烈。大学生正处于青春期,对情感有着强烈的渴望和需求。他们可能更容易被网络上的甜言蜜语和浪漫故事吸引,从而陷入诈骗陷阱。最后,网络安全意识淡薄。部分大学生对网络安全知识的了解不足,缺乏防范意识。他们可能会随意泄露个人信息,或在未核实对方身份的情况下与陌生人建立亲密关系。

2.社会层面

一方面,网络社交媒体普及度高。随着社交媒体的快速发展,大学生可以通过网络平台轻松结识新朋友。然而,这也为诈骗分子提供了便利,他们可以利用社交媒体伪装身份,进行网恋诈骗。另一方面,信息泄露风险高。在网络时代,个人信息的泄露风险增加。大学生在注册、应用各种网站时可能不自觉地泄露个人信息,这些信息可能被诈骗分子利用。

3.技术层面

一方面,网络具有匿名性。网络的匿名性使得诈骗分子可以轻易隐藏自己的真实身份,他们可以通过伪造身份、照片等信息来迷惑受害者。另一方面,诈骗手段不断更新。随着技术的发展,诈骗分子的手段也在不断更新和升级,他们可以利用 AI 技术伪造语音、视频等,使诈骗行为更加难以被识别。

4.心理层面

其一是存在侥幸心理。部分大学生可能存在侥幸心理,认为自己不会成为诈骗的受害者。这种心理可能使他们放松警惕,更容易上当受骗。其二是渴望爱情与陪伴。大学生正处于情感需求强烈的阶段,他们可能更容易被诈骗分子制造的浪漫氛围吸引,渴望得到爱情和陪伴。

三、火眼金睛:大学生网恋诈骗的套路解析

大学生网恋诈骗的套路通常是精心设计的,旨在利用大学生的情感需求和缺乏社会经验来实施诈骗。

1.精心包装虚假身份

诈骗分子会为自己打造一个完美且吸引人的虚假身份,他们可能会使用伪造的照片、编造的背景故事,甚至虚构的职业和学历,来提升自己的吸引力。这样的包装让大学生认为与对方有着共同话题和兴趣,从而更容易产生好感。如在上述两个案例中,诈骗分子伪装成事业有成的社会人士,缺乏社会经验的大学生通常因难以辨别真伪而掉入陷阱。

2.迅速建立亲密关系

在初步接触阶段,诈骗分子会表现得非常热情、体贴,迅速与大学生建立亲

密关系。他们可能会频繁发送消息、语音或视频通话,让大学生感受到对方的关注和爱意。这种突如其来的"热恋"状态往往让大学生陷入其中,难以自拔。

3.编造各种理由索要钱财

一旦建立了亲密关系,诈骗分子就会开始编造各种理由向大学生索要钱财。这些理由可能包括生病需要医疗费用、投资失败需要资金周转、家庭突发变故等。他们可能表现得非常急切和焦虑,以此让大学生产生同情心,从而帮助对方。

4.诱导参与非法活动

有些诈骗分子还会诱导大学生参与非法活动,如网络赌博、洗钱等。他们可能会承诺高额回报或提供"内部消息",让大学生觉得这是一个赚钱的好机会。然而,这些活动往往是违法的,一旦参与,大学生就可能面临资金损失和法律风险。

5.逐渐消失或断绝联系

在诈骗得手后,诈骗分子通常会逐渐消失或断绝与大学生的联系,他们可能会找各种借口来解释自己的行为,如"最近很忙""需要处理一些事情"等。随着时间的推移,大学生会发现自己再也无法联系到对方,而之前投入的感情和金钱也都付诸东流。在案例B中,当诈骗分子发现受害人不再为其购买商品时,便立即将受害人拉黑,使其无法追踪投入的金钱。

四、防骗策略:大学生网恋诈骗的应对举措

面对网恋诈骗,大学生可以采取以下措施来保护自己。

1.保持警惕和理性

大学生在网恋中避免被诈骗的关键在于保持警惕和理性。时刻保持警惕,不要轻易相信陌生人的甜言蜜语。网恋过程中要保持理性,不要轻易被对方的言语所迷惑,遇到涉及金钱的问题时要格外小心。

2.核实对方的身份和信息

在网恋过程中,尽量通过多方途径核实对方的身份和信息,确保对方身份和信息的真实性。可以通过社交媒体、电话、视频等方式进行验证,查看对方的照

片、社交媒体资料等,看是否存在不一致或可疑之处。保持定期沟通,并留意对方的言行是否存在矛盾或不一致之处。如果发现任何可疑情况,及时与对方沟通并寻求解释。

3.保护个人隐私

避免在刚开始的阶段就过度分享个人信息,尤其是财务、身份证号、家庭成员信息和其他敏感信息。要谨慎对待对方的请求,不轻易透露过多的私人信息,避免被诈骗分子利用。

4.避免涉及金钱交易

在网恋过程中,如果对方提出涉及金钱的要求,如借钱、投资等,要保持警惕,不要轻易相信。任何情况下,都不应该向对方转账或汇款。

5.及时寻求帮助

在网恋中保持理性,不要被感情冲昏头脑。如果对方的行为或请求让你感到不安或疑虑,或发现自己可能遭遇了网恋诈骗,要及时向身边的老师、朋友、家人或相关部门寻求帮助,不要独自承受。

6.提升网络安全意识

自觉加强对网络安全知识的学习,了解常见的网恋诈骗手段和特点。提升自己的网络安全意识,增强识别和防范网络诈骗的能力。

总之,大学生在面对网恋时要保持警惕和理性,不要轻易相信陌生人。同时,加强对网络安全知识的学习和提升自我保护意识尤为重要。

第二部分
技能篇

技能一:账号安全防范

在移动互联网时代,人们的日常生活、学习、工作等都与互联网息息相关,信息获取、网络世界社交互动、网络购物、娱乐等活动依赖移动互联网。使用移动互联网时需要通过账号密码登录相关的网络平台或者 App,如果账号密码泄露,被不法分子利用,会造成无法挽回的损失。账号密码是用户进入各类应用平台的钥匙,关系到敏感信息、用户的个人隐私、数字安全的保护,确保账号密码的安全可靠是至关重要的安全措施。

对于使用网络的大部分用户来说,在保障账号安全方面的困难包括:①如何让自己设置的密码更加安全? ②账号、密码太多,有邮箱密码、手机密码、电脑密码、银行密码、社交媒体密码(如 QQ 密码、微信密码等)、各类 App 的密码等,不同账号密码的规则不尽相同,在基本确保每个账号密码安全的基础上,又不能使用一样的密码,如何记住这些密码? 不常用的平台账号常常需要通过"找回密码"操作来登录,非常麻烦。

保障账号安全是网络安全的一个重要方面。账号安全是每个网络用户和网络机构都需要高度重视的,这个重视不仅包括保障账号安全的意识,更重要的是保障账号安全的系列措施。

一、设置强密码

为了便于记忆,很多网络用户在设置账号密码的时候,使用诸如"123456""654321""000000""666666"等简易、好记的密码,但这种简易密码极不安全,通过下面两个案例,我们可以发现简易密码存在的安全隐患大,稍不注意,就有可能让犯罪分子有机可乘。

案例 A[①]：

Z女士不慎丢失了手机，因为有备用机，再加上一直忙于生意，Z女士并没有挂失手机号码和冻结资金账户。几个月后，当她想要提现时，却惊讶地发现账户已多次向陌生人转账，总转账金额达到了 190300 元，于是慌忙报警。

在警方告知Z女士调查结果后，她才意识到自己的"图方便"让不法分子钻了空子。原来，嫌疑人黄某在捡到了Z女士丢失的手机后，成功猜测出了Z女士的手机密码和支付密码，而令人没想到的是，这两个账号的密码都是"000000"。因此，黄某获得了对Z女士账户的访问权限，盗取了她账户中的大量资金。

案例 B：

某天C女士在外面吃饭，因用餐后忘记及时带走手机，导致手机被盗。在手机被盗后的第二天，手机绑定的银行卡账户被盗刷了 7000 多元，随即C女士向警方求助。

原来，嫌疑人孟某并没有使用高科技手段解锁被盗手机和盗刷银行卡。他在盗窃手机后，多次尝试输入密码，最终输入"123123"解锁了C女士的手机。他还发现手机并没有设置支付密码，于是用该手机购买商品，最终盗刷了 7000 余元。

以上案例让我们深刻认识到简易密码的不安全性，这些简易密码基本上形同虚设。容易被破解的简易密码类型包括：①数字序列或字母序列（如 654321，abcdef）；②吉利数字（如 88888888，666666）；③姓名首字母＋生日（如 zs20100202）；④姓名首字母＋数字（如 zs123456）；⑤姓名首字母＋身份证号后 4 位（如 zs1234）；⑥常见单词＋数字（如 password123）；⑦常见单词或者短语（如 password，iloveyou）；⑧简单的重复模式（如 abcabc）；⑨显而易见的替换（如 pa@@word）；⑩手机号或者身份证号后 6 位（如 230418）等。

以 6 位数字序列为例，用简单的数学知识来解释为什么这样设置密码容易被破解。一位的十进制有 10 种状态，包括 0/1/2/3/4/5/6/7/8/9，二位的十进制有 100 种状态，包括 00/01/02/…/97/98/99，以此类推，n 位十进制有 10^n 种状态。如果用户设置的密码是 6 位数字，只需要 10^6 次，就可以破解。假设密码还是 6 位，除了包含数字外，还包含大小写英文字母，那么密码中每一位的状态可以有 62 种（包括数字 0～9 中的 10 种状态，大写英文字母 A～Z 的 26 种状

① 微粒贷社区微信公众号：《你的密码真的安全吗？这样设置可能会更好……》，https://mp.weixin.qq.com/s/9C2H-rJbkUOhuOFpx722GQ.

态，小写英文字母 a～z 的 26 种状态），6 位密码的状态总计有 62^6 种，62^6 比 10^6 大多了。如果 6 位密码中，不仅包括数字、大小写英文字母，还包括标点符号等特殊符号，6 位密码所能表示出的状态更多。

强密码是一种设计用于提高安全性的密码，目的是增加密码的复杂性，使其难以被破解或通过暴力攻击获取。用户在设置密码的时候要有意识地通过设置强密码来保护个人账号的安全。强密码要求密码的复杂度要高，密码的复杂度包括密码的组成要素和结构。设置强密码的原则如下。

1.有一定长度

密码长度是确保账户密码是强密码的重要条件之一。一般情况下，密码越长，能够表示的状态或者组合越多，这样就使得密码越难被破解或通过暴力攻击获取。很多平台要求用户在设置密码的时候，要保证密码足够长，一般要求至少 8 个字符，有些平台要求至少 12 个字符。

2.具有复杂性

强密码不仅取决于密码的长度，还取决于密码中字符类型的多样性。密码最好涵盖数字、字母和特殊字符，以增加密码的复杂性和随机性。大小写英文字母在密码中是不同的，例如"A"和"a"算作不同的字母。诸如"!""@"等字符出现在密码中，可以提升密码被破解的难度。因此，在保证密码长度的同时，在密码中同时添加数字、大小写英文字母以及符号可以使密码更加复杂。

3.避开常见单词

避免使用常见的单词是设置强密码的重要原则之一。①不使用字典词汇，常见的字典词汇如地名、短语、单词等，要避免使用。使用字典攻击是密码破解者经常使用的方法。②不使用简单组合，例如常见的键盘布局"qwerty"等，容易受到键盘模式攻击。③不使用常见密码，例如"123456""654321""666666""password"等常见密码，容易被尝试、被猜到。④不使用用户个人信息，用户在密码中不要使用自己的个人信息，如个人姓名、配偶姓名、父母姓名、出生年月、手机号码等。

4.定期更换

定期更换密码是强密码的特征之一，也是一种良好的安全实践。定期更换密码可以防止一个密码长期被使用进而导致密码泄露，降低用户账号的风险，增加账户的安全性。定期更换密码的频率可以按照账号的要求来确定，也可以按照用户的个人需要来确定,一般情况下,每 3～6 个月要更换一次密码。更换之前,要备份重要的账户信息,防止遗失。更换的新密码要遵循强密码的原则,要具有复杂性和随机性,同时不要使用已经使用过的密码,确保每个账号下密码的独特性。

5.具有独特性

用户为了方便记忆,通常会在不同的网络平台使用相同的密码,也就是密码复用。密码复用的安全风险非常大。例如某个用户在多个网站或者 App 上注册了账号,为了方便记忆,在包括电子邮箱、在线购物、社交媒体等多个平台都使用相同的用户名和密码。如果其中某个账户遭受黑客攻击,这个账户的用户名和密码泄露,攻击者就可以在各类平台上使用这个用户名和密码进行登录,该用户的相关账户都会受到威胁。攻击者可以访问该用户的电子邮箱,获取用户包括银行账号、联系人信息等在内的一系列敏感信息,造成用户隐私泄露,甚至导致财务损失。因此,要避免密码复用,确保每个账户下密码的独特性,用户的不同平台的账户要有一个唯一的强密码,这样即使一个账户的密码泄露,其他账户也不会受到影响,进而提高账户的安全性。

综合以上强密码的特征,举例来说,密码"9@kQ0_6R! N"就是一个强密码,没有规律可循,并且包括了数字、大写英文字母、小写英文字母和特殊字符。

二、管理多个密码

设置强密码的一个重要原则是避免密码复用。不同账户使用同一个密码,虽然容易记忆,但是安全风险大,然而每个账户使用一个唯一的强密码,记忆起来又非常麻烦。因此,用户需要管理好多个密码。管理不同账户的多个密码,有以下几个建议。

1.使用密码管理工具

密码管理工具是一种用于密码的安全生成、存储的软件或服务。常见的密码管理工具包括 1Password、LastPass、Dashlane 以及 Keep Security 等。这些密码管理工具有一些共同的特征,包括生成强密码、安全存储密码、备份密码等。用户选择一个功能强大、信誉良好的密码管理工具,可以更好地管理多个密码,提高账户的安全性。

2.不要让系统记住密码

有些用户为了方便登录,会让系统记住密码,这种做法有以下缺点和安全隐患。

(1)数据会丢失。系统记住密码会让用户过度依赖系统,如果用户没有记住某个账户的密码,当设备丢失或者出现故障时,系统记住的密码也会丢失,换成其他的设备,用户就无法访问自己的账户。

(2)密码会泄露。如果用户的设备感染了病毒或者下载了恶意软件,用户的密码信息可能被恶意软件获取。

(3)安全风险大。如果用户的移动设备丢失,或者用户在共享设备上保存了密码并让系统记住,其他人就可以轻易地访问账户,用户的隐私信息就会被获取。

3.不要用记事本记录密码

用户对个人在不同平台使用不同账户和不同密码已经有了一定的认知,但是在不同平台使用不同账户和不同密码时,用户记住这些账户和密码存在一定困难。有些用户会将不同平台的账户和密码记录在记事本上,待用的时候到记事本里查询。虽然用记事本记录账户和密码省去用户的记忆成本,但是缺点非常明显。

(1)安全性低。记事本通常保存在计算机的某个文件夹下,容易被他人找到并窃取,这样账户和密码泄露的风险非常大。

(2)容易丢失。如果记事本被误删除,或者保存记事本的电脑发生故障,或者电脑丢失,记录账户和密码的记事本就无法恢复,账户和密码也就无法找回。

(3)不好管理。记事本只能用于账户和密码的记录,不具备密码管理的功能,使用起来不够高效和便捷。

(4)无法加密。记事本是计算机里的一个小的应用程序,采用简单的文本编辑器进行信息存储,缺乏加密功能,一旦记事本被他人获取,账户和密码就会暴露。

如果用户为了方便,仍然要使用记事本来管理密码,可以通过一些方法提高它的安全性。

(1)记事本尽量离线存储。不要将记事本文件放在云端或者共享设备上,尽量将记事本文件存储到本地电脑上。

(2)对记事本进行加密。通过加密软件对记事本进行加密,以防记事本被未经授权的人访问。

（3）定期对记事本进行备份。定期将加密后的记事本备份到安全的存储设备上，以防记事本损坏或者丢失。

（4）对记事本中的密码进行处理。对记事本中的密码进行一定的简单处理，即使记事本被未经授权的人获取，其得到的也不是真正的密码。例如，确保自己账户下的所有密码都不出现@和♯两个特殊字符，那么在所有密码的不同位置，随意增添多个@或者♯，就只有用户自己清楚真正的密码是什么。例如记事本中的密码是"sCdx_js@9r"，真实密码则是"sCdx_js9r"；记事本中的密码是"Scu♯789_！@"，真实密码则是"Scu789_！"。

4. 密码设置可以采用一种可重复的模式

可以在每个要设置账户和密码的平台上，选择一个可以记住并且独特的句子，基于关键词的首字母，加上特定数字或者符号生成密码。例如针对网易邮箱的密码，可以根据这句话"This is mail password for 163. com"设置密码"Timp4_163"。在这个密码中，包含了大写英文字母、小写英文字母、数字以及特殊符号，并且密码长度超过 8 位，符合强密码的特征。这样设置密码的优点是容易记忆，缺点是如果用户的多个账号密码泄露，这个模式可能被人猜出来并被利用。

除了上述描述的基于关键词的模式生成密码外，还可以采用时间模式、键盘上的位置偏移模式、随机词组模式以及音节组合模式等可重复的模式来创建密码，进而可以根据用户的记忆规则生成不同的密码。采用这种可重复的模式创建密码，可以帮助用户记住密码，同时也增加了密码的安全性和复杂性。但是要确保生成密码的模式不容易被他人推断出来，以确保账号安全。

技能二:公共网络安全使用

随着计算机网络和移动设备的快速发展,人们对网络的依赖度也越来越高,移动支付、手机游戏、手机视频、移动音乐等的应用越来越广泛。在移动网络被应用的同时,网络风险也无处不在。手机作为移动互联网应用最为频繁的终端,已经成为人们日常生活中最离不开的工具。公共网络在现代社会中是一种必需品。在日常频繁使用手机等移动终端的过程中,人们如果不注意安全使用公共网络,将会给自己带来很大的安全风险,无法保护好自己的数据和隐私,严重的话,可能导致财产损失。

案例 A:

有一天,陈女士在逛商场时,连接上了商场内一个没有设置密码的 Wi-Fi,以便在逛街过程中对自己看中的衣服、鞋子进行搜索比价。由于网上的价格更优惠,所以张女士在逛街过程中通过手机银行支付的方式购买了一件衣服。没过多久,张女士就连续收到了多条手机短信提醒,这才发现她的信用卡竟被盗刷了 6 笔。每笔的金额都在 1500 元以上,总金额高达 9000 多元。

案例 B:

李先生为了上网方便、节省流量,便将手机设置为可自动搜索连接 Wi-Fi。一日在外吃饭时,李先生手机自动搜索连接上了一个没有密码的免费 Wi-Fi。在使用该 Wi-Fi 期间,他登录了自己的手机网银,并输入了自己的银行卡号以及密码以查询自己的银行卡账户余额。次日,李先生手机上收到一条银行卡被消费了 3000 元的通知短信,随后又陆续收到了银行卡转账和消费的信息。很明显,他的手机被盗刷了,又是 Wi-Fi 陷阱惹的祸!

一、重 要 性

上述两个典型案例充分说明了安全使用公共网络的重要性。安全使用公共网络对于防止数据泄露、保护用户隐私、维护数据完整、防范网络攻击以及避免身份被盗至关重要。安全使用公共网络的重要性具体表现在以下几个方面。

1. 防止数据泄露

在公共网络上，用户往往会输入银行卡信息、各个平台的账户和密码等各类敏感信息。尽管有加密技术以及一些安全工具，但如果用户输入的这些信息在传输过程中被截获，就有可能导致数据泄露，引发财产损失。安全使用公共网络可以降低风险。

2. 保护用户隐私

在公共网络上，用户的数据在传输过程中不加密或者加密程度较低，这使得用户的个人敏感信息容易被不法分子窃取。如果用户安全使用公共网络，可以有效保护个人隐私不受侵犯。

3. 维护数据完整

安全使用公共网络，可以确保用户个人数据的完整性，防止用户的个人数据在传输过程中被恶意篡改或损坏。

4. 防范网络攻击

公共网络是网络攻击者的主要攻击目标之一，网络攻击者可能通过公共网络窃取用户个人信息或者进行钓鱼攻击等。安全使用公共网络，可以有效防范这些攻击。

5. 避免身份被盗

公共网络加密程度较低以及不安全连接有可能导致用户的身份被盗，使得黑客可以冒充用户进行诈骗活动。

二、使用时的注意事项

由此可见，安全使用公共网络是每个用户必须时刻关注的。为了安全使用公共网络，用户需要采取一些措施来保护个人的数据和信息安全。安全使用公共网络需要遵循以下几点。

1. 关闭自动连接

用户需要将自己的移动终端设备的自动连接功能关闭，防止终端设备自动连接到未知的或者不安全的网络。

2.谨慎连接网络

在确实需要使用公共网络的时候，一定要时刻提醒自己，避免连接到未知、不受信任或者不需要密码验证的公共网络，网络攻击者可能会通过这些公共网络来窃取用户的信息。用户可以咨询公共网络的管理人员，确定公共网络的安全性后连接。

3.注意网络活动

在公共网络上，用户要时刻注意自己的网络活动，尽量避免访问或者传输敏感信息。如果确实需要进行这些操作，例如银行转账、网络购物等，要确保使用安全链接，保护个人信息安全。如果发现可疑或者异常的行为，例如要用户点击广告链接等，要提高警惕，或者断开公共网络连接。

4.使用加密连接

使用公共网络时，用户最好使用加密连接。用户可以使用虚拟专用网络来加密传输数据，确保网络不被黑客窃听或攻击。

5.使用强密码

在公共网络上，对于需要登录的网站，用户要注意定期更改密码，并使用强密码，增加用户账户的安全性。

6.关闭共享功能

在公共网络上，关闭移动终端设备的共享功能能够有效保护数据安全，防止未经授权的访问和降低数据泄露的风险。需要关闭的项目包括文件共享、文件夹共享、打印机共享以及屏幕共享等。

7.更新设备和软件

确保用户的终端设备和终端设备上的软件处于最新状态，及时更新可以修复终端设备上的安全漏洞。

技能三:钓鱼网站识别

"钓鱼网站"的概念最早出现在20世纪90年代末至21世纪初,随着互联网的普及和电子邮件的流行,攻击者开始利用虚假的网站和电子邮件,伪装成合法机构或公司,诱导用户输入个人信息。钓鱼网站是一种常见的网络欺诈手段,是一种利用互联网技术手段的网络欺诈行为,对个人和组织的网络安全构成威胁。

案例A①:

夏某收到了一条号码为0085××××××发来的内容为"工商登记,由于营业执照系统更新为电子版本,请点击deng×××.com立即更新认证,超时系统将自动销户,营业执照将无法使用"的短信。

因为平时营业执照年检都是在网上申报,所以夏某并未怀疑就点击了短信内的链接。随后手机就跳转到一个叫"统一全程电子化商事登记管理系统"的网页。夏某根据提示输入营业执照名称后开始认证,手机页面又跳转到填写真实姓名、储蓄卡账号(或)信用卡账号、身份证号及银行预留手机号等个人信息的界面,夏某便按要求将信息一一填入,填完后网页又跳转到填写验证码的界面,手机也在这时收到了一条验证码,没有多想的夏某将验证码填了上去。很快,夏某就收到了两条扣款短信,卡内分两次被转走4999元和2999元。

案例B②:

近日,王先生来到中国银行网点,要求工作人员协助冻结其名下所有的账户。王先生称在"双十二"期间收到的短信显示自己在某购物网站获得了所收藏的一款商品先付后返的免单资格。王先生点击了短信中的链接,跳转至该网站,并按照提示输入了个人信息,包括手机号和银行卡号。然而,在付款时,出现了"支付失败"的提示。当他打算再次尝试时,接到了反诈中心的电话,告知他遭遇

<hr>

① 海口日报微信公众号:《反诈科普|典型案例④:警惕钓鱼链接诈骗》,https://mp.weixin.qq.com/s/a5w4ELpYmf3c5UZdtFtG0w.

② 中国银行微银行福建省分行微信公众号:《【以案说险】防范钓鱼网站诈骗》,https://mp.weixin.qq.com/s/9KbbnhglEORbyPXX5yxNQA.

了电信诈骗。了解情况后，网点工作人员立即查询了王先生在网站中提供的中国银行借记卡信息。幸运的是，由于警方及时设置了该卡的"电信诈骗冻结"功能，有效期为三天，王先生免遭财产损失。出于进一步的安全考虑，工作人员按照王先生的要求协助他临时冻结了在该行的所有账户。

上述两个案例中，夏某和王先生遭遇的是典型的钓鱼网站诈骗。诈骗分子都是通过发送虚假链接引诱受害人进入钓鱼网站，从而使受害人泄露其个人信息的。

钓鱼网站是假冒真实网站的虚假网站，它通过网站的外观、网站的内容设计等，给用户制造看似真实可信的环境，进而增加用户的信任，诱导用户进入。这些钓鱼网站伪装成合法网站，诱骗用户输入个人敏感信息，包括但不限于用户名、密码、信用卡信息、验证码、身份证信息、银行卡号、手机号码、电子邮件以及地址等。钓鱼网站通过欺骗手段获取用户的个人敏感信息后，进行身份盗窃、账号盗用、金融欺诈、恶意软件传播等违法活动，对用户个人和社会产生危害。

一、钓鱼网站的诱骗手段

钓鱼网站诈骗屡见不鲜，主要在于用户对钓鱼网站的诱骗手段不够了解。如果案例中的夏某和王先生对钓鱼网站的诱骗手段有所了解，就会有意识地过滤掉这些钓鱼网站的信息。通过对相关案例进行总结可知，钓鱼网站一些常见的诱骗手段有以下几个。

1. 虚假链接

虚假链接本身伪装成合法网站或者服务，实际上指向诈骗网站或者恶意网站。虚假链接诱导用户点击，用户要么在链接网站中暴露个人隐私信息，要么点击后遭受恶意软件感染。假想用户在虚假链接中输入个人信息，包括账号、密码、邮箱、QQ号等，这样用户的账户与密码就在虚假链接后台被诈骗分子识别并记录，用户的个人信息完全暴露，进而可能导致账户被盗、财务损失等，后果不堪设想。

2. 电子邮件钓鱼

电子邮件钓鱼也是一种常见的钓鱼网站手段。诈骗分子通过冒充合法机构、公司，向用户发送虚假的电子邮件，诱使用户点击恶意链接、下载恶意附件或者提供用户个人私密信息等。邮件中的链接就是上文提到的虚假链接，邮件中的恶意附件可能包括病毒或者勒索软件等。

攻击者编写被攻击者感兴趣的邮件内容,比如期末考试成绩单、某大学录取名单、本月工资表等,然后发送给接收者,诱导接收者下载邮件中的附件或者点击邮件中的未知链接。当接收者下载邮件中的附件并运行时,攻击者就能拿到被攻击者的主机权限,并进行一系列隐匿操作,比如使用摄像头监视被攻击者的一举一动,此时被攻击者的电脑不会表现出任何异常,从而达到隐匿盗取用户信息的目的。当被攻击者点击邮件中的未知链接,进入钓鱼网站,被诱导输入用户名和密码时,攻击者就可以获取被攻击者的关键敏感信息。

3.欺诈购物网站

欺诈购物网站往往通过低价、假冒名牌等方式来诱惑、吸引消费者,消费者付款后无法收到相关产品或者得到服务。

二、钓鱼网站的防范

针对上述钓鱼网站常见的诱骗手段,需要有对应的防范措施。

1.虚假链接识别

用户要加强识别虚假链接的能力,学习识别虚假链接的防范措施。

(1)注意鉴别链接的来源。在点击任何链接之前,都要有意识地询问链接的来源,要警惕来源不明的链接。虚假链接往往通过即时通信工具(如 QQ、微信等)、电子邮箱或者社交媒体发送,时常伴随着一些有引导性的描述,比如"重要信息查询""大奖砸中"等。用户一定要有防范意识,如果用户无法确认链接的来源,怀疑链接不可信,就不要贸然点击链接。用户可以直接访问官方网站或者联系相关机构来验证链接的真实性。

(2)查看网址使用的协议。http 是超文本传输协议,https 是超文本传输安全协议,两个协议都是用于网络上传输数据的协议。https 通过 SSL 证书的认证,能够确保用户访问的是合法网站,防止钓鱼网站和恶意网站的攻击。而 http 没有网站认证机制,无法确认网站的安全性。因此,如果链接中使用的是 https,则安全性较强;如果链接中使用的是 http,则可能存在安全风险,要慎重点击。

(3)确认网址的正确性。认真检查链接的域名和路径,确保其与真实网站的域名和路径相符。虚假链接可能在真实的网址中增加个别字符或者修改个别字符,通过相似网址来误导用户。

(4)使用相关安全工具。在浏览器中安装一些正规的插件,可以帮助用户检测虚假链接，这些插件可以对网站进行实时评估，帮助用户避免访问虚假链接。

2. 电子邮件钓鱼防范

用户需要加强对电子邮件钓鱼攻击的识别能力和防范意识。

(1)确认发件人的邮箱地址。如果发件人的邮箱地址不是平时来往的邮箱地址，一定要保持警惕，不要轻易点击链接或者下载附件，一定要仔细查看，特别是邮箱地址中的域名部分。虚假邮箱地址经常混淆视听，使用的域名和正规机构的域名非常相似。

(2)查看邮件的内容。除了确认邮箱地址外，还要对邮件内容进行验证。特别是涉及个人隐私、重要通知等信息的邮件内容，要通过其他渠道验证其真实性。要对邮件正文中的诱导性语言保持高度警惕，例如奖励性的语言、急迫性的语言等，要保持冷静，不要轻易相信。

(3)对于邮件中的附件或者链接一定要保持高度警惕。对于来源不明的附件，特别是扩展名为".exe"的执行文件，不轻易下载和打开。对于邮件正文中的链接，不要轻易点击，可将鼠标悬停在链接上，查看链接的真实地址，如果不能确认链接是否为合法可信的网站，可以通过手动输入网址的方式访问。

3. 欺诈购物网站防范

欺诈购物网站的受害人群包括网络购物新手、老年群体、贪图便宜人群、心急的消费者以及一些非法代购者。防范欺诈购物网站的关键在于提高警惕性，增强识别欺诈购物网站的能力。

(1)谨慎对待购物网站的低价诱惑。对于自己不熟悉的购物网站，如果出现价格过低的商品，要保持警惕，谨慎购买。这些欺诈购物网站往往抓住消费者贪图便宜的心理来进行诈骗，过低的价格是其欺诈的手段。

(2)认真核实购物网站信誉，选择正规网站。目前购物网站很多，消费者在选择购物网站的时候，要注意甄别，尽量选择正规网站。对于自己不熟悉的购物网站，一定要查看网站的用户评价，通过确认网站是否有客服支持等来核实网站的可信度。

技能四:网络谣言辨别

在"人人都是麦克风"的移动互联网时代,互联网上广泛传播着未经证实的或者本身就不实的消息。在信息大爆炸的今天,网络谣言的危害不容忽视。网络谣言具有虚假性、误导性和夸大性,可能对国家、社会和个人造成极大的不良影响。

案例 A[①]:

2024 年 2 月 16 日下午,在全网拥有 4000 万粉丝的某网红短视频博主发布了一段 1 分 37 秒的视频,称她在巴黎街头,有人递给她两本寒假作业,称是在"厕所"捡到的,请她帮忙"还给主人"。该博主称,要将其带回国物归原主,并隔空喊话"一年级八班秦朗",事件很快引起热议,并冲上热搜。

其间,有自称"秦朗舅舅""秦朗老师"的视频博主在视频下留言。被网友质疑后,2 月 19 日,"秦朗舅舅"承认系摆拍,其账号被禁,视频下架。

江苏警方通报:经查,2 月 17 日,"寒假作业丢巴黎"事件发酵后,江苏南通杨某为博取关注、吸粉引流,在某网络平台"小学生寒假作业遗落巴黎厕所"短视频下造谣某学校,并以"失主"舅舅身份摆拍、直播到书店购买新作业送给外甥。因对相关学校造成不良影响,扰乱公共秩序,目前,杨某已被公安机关行政处罚。

案例 B[②]:

2024 年 3 月 29 日,蓬安二中相关负责人向当地警方报案称,"今日头条""抖音"等平台有"自媒体"发布短视频,标题为"四川南充蓬安第二中学跳楼学生刘雅婷写给全体教师的一封信,可怜的孩子一路走好",经校方核实,该校并无学生"刘雅婷"且未发生相关事件。

接警后,蓬安公安迅速组织网警进行调查,发现位于成都市郫都区的龚某具

---

① 天府新青年公众号:《"秦朗舅舅",被行政处罚!》,https://mp.weixin.qq.com/s/ZptaqV5wAZe_ZxL2tSF2kA.

② 南充政法微信公众号:《"中学生跳楼"? 南充警方:男子编造传播网络谣言被查处!》,https://mp.weixin.qq.com/s/4_XmOxbw4U_xll-hCdJGFw.

有较大嫌疑，于 4 月 2 日上午对其进行传唤。询问过程中，龚某对其违法行为供认不讳，承认自己当时在网上看到相关文字信息后，在未经证实的情况下，为了通过本人"自媒体"账号博取眼球、吸引流量，使用短视频剪辑软件，采用 AI "文生视频"功能生成并在多个平台发布了谣言。该视频配文"全家人只有我吃小灶，父母一个鸡腿炖几个土豆，肉妈妈总要挑到单独的碗里给我吃……""希望转发，大家齐心一点，看到就转到你的朋友圈，别当和自己没关系"等煽情语句，挑动网民情绪，引发网友对该县教育部门和学校的强烈抨击。

2024 年 4 月 2 日，四川省南充市蓬安县公安局网安大队破获这起网络谣言案件，根据《中华人民共和国治安管理处罚法》第二十五条之规定，依法对发布网络谣言的龚某给予行政处罚，并删除了相关不实信息。

经过蓬安网警的教育和行政处罚后，龚某深刻认识到其行为对相关学校和当地社会带来的恶劣影响，并表示将来会对网络信息进行思考和甄别，坚决不会再出现类似情况。

一、网络谣言的危害

随着移动互联网和人工智能的快速发展，互联网平台上的信息呈爆炸式增长。近年来互联网流量经济催生大量的谣言，不少谣言极具诱惑性，传播错误的价值观，不仅影响个人，甚至还破坏社会信任，扰乱公共秩序，危害极大。

1.网络谣言对个人的危害

网络谣言对个人造成的危害非常多。

（1）影响个人声誉。如果网络谣言指控或者攻击个人，会对个人声誉造成严重影响，影响人际关系和社交圈子，进而对个人职业生涯造成伤害，而且造成的伤害往往不可逆。

（2）造成个人财产损失。网络谣言中本身包含一些误导性的或者不符合事实的信息，如果网络谣言涉及商业或者投资决策等，会导致个人误判，影响个人决策，有可能导致个人财产上的损失。

（3）泄露个人隐私。网络谣言中有可能包含个人隐私，这些隐私的暴露会使个人感到困扰、麻烦、焦虑以及恐慌，影响个人情绪的稳定。

2.网络谣言对社会的危害

网络谣言对社会的危害是多方面的，涉及多个领域，包括经济、政治以及国家形象等。

（1）威胁社会稳定。网络谣言可能包含对相关政策的曲解，影响社会舆论导向，破坏社会信任基础，降低整体的社会治理效果，可能引发社会不安，威胁整个社会的安全和稳定。案例 B 中的事件，就是用谣言来挑动网民情绪，造成恶劣社会影响，威胁社会的安全稳定。

（2）扰乱经济秩序。网络谣言中的虚假和不实信息会误导消费者、投资者，可能影响金融市场和股市的稳定，扰乱经济秩序。

（3）影响国家形象。例如，有关我国食品安全的谣言在互联网上时不时地流传，会导致国内消费者对食品安全的信心缺失，对国家形象造成影响。

二、网络谣言传播载体

网络谣言传播载体指的是网络上传播虚假信息、误导性信息或者不实信息的各类平台。要识别网络谣言，就要弄清楚网络谣言传播的各类平台。在移动互联网时代，网络谣言传播的载体多种多样，网络谣言因此传播迅速，短时间内可以传播给大量用户，以下是网络谣言传播的主流载体。

1. 社交网络平台

随着互联网的快速发展，目前社交网络平台非常多，包括微博、微信、小红书、抖音等。刷微博、看抖音、看小红书已经成为许多网民的习惯。社交网络平台在网民中覆盖面广、传播信息的速度非常快，网络谣言在这些社交网络平台上扩散迅速。

2. 电子邮件

电子邮件也是网络谣言传播的一个重要载体。电子邮件传播谣言的速度没有社交网络平台快，但通过电子邮件传播的谣言往往目的性比较强，并且针对特定的群体。

3. 博客和论坛

随着社交平台的快速发展，博客和论坛的使用热度在下降，但仍有很多人热衷于使用博客和论坛进行信息交流和分享。博客和论坛依然可能成为谣言传播的场所。

4. 新闻网站

新闻网站一般是组织机构用来展示部门动态的平台，不大可能成为谣言传播的渠道。但不法分子可能将虚假链接伪装成新闻网站来发布谣言。

三、网络谣言的类别

网络谣言按照不同的分类标准可以分为不同的类型,具体分类如下。

1. 按传播平台和方式分类

网络谣言按照传播平台和方式,可以分为即时通信谣言、社交媒体谣言、视频音频谣言以及论坛博客谣言等。

2. 按谣言内容分类

网络谣言按照谣言内容,可以分为商业利益谣言、抹黑性谣言、社会热点谣言、健康安全谣言以及煽动性谣言等。

四、网络谣言防范的难点

网络谣言危害性大,但是防范起来存在一些困难,主要包括以下方面。

1. 网络谣言传播速度太快

网络谣言利用抖音、微博等传播载体应用的广泛性、传播的便捷性、转发的方便性以及载体本身的算法推荐优势,传播速度快、传播覆盖面广,短时间内可以传播给大量用户。正因为传播速度快、传播覆盖面广,网络谣言防范和控制难度大。

2. 网络谣言发布者有匿名性

在网络上发布谣言的人具有匿名性和隐蔽性,网络谣言发布者往往使用的是虚假身份,致使网络谣言发布者难以被识别和追踪。

3. 信息过载和公众认知受限

大数据时代,网络世界的信息增长过快,真实信息、虚假信息交织在一起,信息真伪辨别难度加大,这是客观存在的情况。部分公众受限于自身的知识、视野,辨别能力,容易受到谣言影响。针对同一个事件,网络上往往有多种解读和猜想,网络用户在面对这些纷繁复杂的信息时,不易辨别,容易被"带节奏"。因此,个人要从主观方面提升自身对网络谣言的辨别能力。

五、网络谣言的治理

网络谣言的治理是一个系统工程,需要个人、媒体、企业、社会和国家各方的共同参与、协同治理,需要综合应用技术、法律制度等多种手段,提升网络谣言治理的效能,减少网络谣言的危害,维护网络空间的秩序和健康发展。

1.提升个人层面应对网络谣言的素养

在网络谣言面前,个人往往变成"吃瓜群众",摆出一副看热闹的姿态,更有甚者,站在道德制高点,利用谣言中的虚假信息去怼他人、怼社会。在移动互联网时代,提升个人应对网络谣言的素养意义重大。

(1)在网络信息面前保持个人的理性和冷静,在没有确认网络信息的真实性、客观性之前,用理性的眼光看待网络信息。个人的认知有时候是片面的、先入为主的,当网络谣言正好切合自己的某个认知的时候,个人往往会失去理智,还会利用网络谣言中的虚假信息来验证自己观点的正确性。在网络信息面前保持冷静和理性,不盲目相信网络中的信息,避免自己被网络谣言影响和误导,这个理念非常重要。

(2)提升个人网络素养,加强个人对互联网的认知。把握网络世界的特点,即网络世界具有开放性、多样性、互动性、及时性,同时还具有匿名性、虚拟性。学会用优缺点来分析事物,用一分为二的观念来看待事物。以网络为例,一方面,网络带来的便捷包括知识的获取、信息的传播、社交和互动等,网络推动了经济、科技、文化等领域的发展,网络已经融入日常的学习、工作和生活;另一方面,网络成瘾、网络谣言、信息泛滥、隐私安全也是网络带来的挑战和问题。因此,既要充分利用互联网的优势,又要警惕互联网的负面影响,推动网络健康发展。如果能够用一分为二的辩证观念看待事物,既能看到事物的正面,也能看到事物的负面,就会对事物有更加全面的认知。

(3)加强个人对网络信息的辨别能力。在辨别网络信息是不是谣言时,有一些方法和技巧。核实网络信息的来源,查看网络信息是否来自官方机构、权威媒体或者知名网站,同时核实网络信息的来源是否单一,可以通过多方渠道来验证网络信息的真实性;认真查看网络信息的内容,从逻辑、用词、拼写、语法等方面进行审视,对于情绪化的描述,要仔细核实是否存在断章取义、以偏概全、夸大事实的情况;辨别视频和图片,从拍摄角度、来源、时间、背景等方面,判断是否有修改痕迹等。

(4)积极主动参与辟谣工作。在没有百分百确认网络信息的真实性之前,不要随便转发和分享,避免自己成为网络谣言的传播者。同时,在确认网络信息是网络谣言的情况下,积极参与网络谣言的辟谣工作,抵制网络谣言的扩散。

2.加强国家层面应对网络谣言的手段

国家层面对网络谣言的治理,需要综合运用多种手段和资源。

(1)建立健全治理网络谣言的法律法规。在民事责任方面,《中华人民共和国民法典》第一千零二十四条、第一千零二十五条、第一千一百九十四条等有规定;在刑事责任方面,《中华人民共和国刑法》第二百四十六条、第二百九十一条、第二百九十三条等有规定。要根据网络谣言发展的新情况,完善相关法律法规。

(2)加强网络谣言整治的专项行动。国家高度重视网络谣言的整治工作,如公安部党委将2024年作为打击整治网络谣言专项行动年。

(3)加强对公众的网络安全科普教育。利用全民国家安全教育日、国家网络安全宣传周等重要节点,加强对公众网络安全素养的提升。

3.应用技术手段应对网络谣言

一方面,随着移动互联网、人工智能等技术的快速发展,网络谣言产生速度快、传播速度快、传播覆盖面广;另一方面,要综合应用大数据分析、人工智能等信息技术手段,提高网络谣言治理的质量,有效净化网络环境。

(1)网络谣言传播路径分析。通过社会化网络技术、数据挖掘技术等,把握谣言在网络中传播的路径,掌握网络谣言传播的关键节点,通过对关键节点的把握,有针对性地进行干预。

(2)网络舆情监测系统。利用大数据分析技术、可视化技术对网络舆情进行分析和可视化展示,提供预警信息。

(3)网络谣言识别系统。通过机器学习、自然语言处理技术,开发网络谣言识别系统,对网络上的谣言进行识别及预警。

(4)辟谣机器人开发。利用自然语言处理、自动识别技术,开发智能辟谣机器人,对网络谣言进行回应,及时发布辟谣信息。

技能五：信息泄露防范

在网络时代，信息的保护越来越重要。在网络不发达的年代，泄露的个人信息都是碎片化的，没有串联到一起。随着网络融入各行各业，日常的学习、工作和生活中的信息都在网络世界留有痕迹。以个人信息为例，泄露的信息可能包括姓名、性别、身份证号、手机号码、家庭住址、银行卡号、社交账号、医疗记录、购房信息、购车信息等，除此之外，还可能包括聊天记录、个人照片、个人视频、短信记录、通话记录、通讯录信息等，而且这些信息都是串联在一起的，可能除了密码没有泄露外，其他信息都一并泄露了。这些信息一旦泄露，会带来很多麻烦，轻则可能接到骚扰电话，严重的话可能个人财产遭受损失或者个人安全受到威胁。诈骗分子能够成功实施诈骗的关键因素就是对受害者个人信息的精准掌握。

案例 A[①]：

2020 年，河南某高校的一份名为"返校学生名单"的表格文件在微信、QQ 等社交平台上流传开来，文件上明确标注了学生的姓名、籍贯、身份证号、年龄、专业、宿舍门牌、辅导员姓名等一系列个人信息。随后，学生大面积、高频率地接到了来自考研、留学、卖车、股票等机构的骚扰电话，电话推销员张口就报出了学生的姓名、班级、专业，学生的个人隐私信息显然已暴露无遗。

案例 B[②]：

2020 年 6 月至 2021 年 7 月，唐某在大姚县金碧镇经营某通信营业厅期间，在为客户办理电话开卡、代收话费、更改话费套餐等手机通信业务过程中，以 1.5 元、18 元、33 元不等的价格将手机号码等客户个人信息发送到多个"拉新"微信群内，供他人注册京东、淘宝、支付宝、美团等软件账号，并将客户手机收到

---

① 江苏开放大学信息化建设处微信公众号：《系列三 | 侵犯公民个人信息典型案例分析》，https://mp.weixin.qq.com/s/aE2FFmZYUaZcrRH3_iu4cA.

② 楚雄网：《敲警钟！楚雄一地警方公布 2 起典型案例，你的个人信息是这样泄露的》，https://mp.weixin.qq.com/s/q2YvmtnF7bSJcQICSZdpmg.

的 App 注册信息发送至上述微信群内。其中，在注册淘宝"拉新"时，唐某将含有淘宝上注册成功的客户姓名、住址、电话号码等个人信息的订单截图拍照发在微信群内，非法获利 9291.75 元。大姚县人民法院经审理，认为唐某的行为已构成侵犯公民个人信息罪，根据《中华人民共和国刑法》第二百五十三条，判处被告人唐某有期徒刑九个月，缓刑一年，并处罚金 12000 元；将违法所得 9291.75 元没收。对被提起的刑事附带民事诉讼部分，判令唐某按获利金额承担侵权赔偿责任，并公开赔礼道歉。

一、信息泄露的途径

在信息技术快速发展的今天，有很多人不经意间就泄露了个人信息。信息泄露的途径有很多种：

1. 在社交平台上泄露信息

社交平台是个人信息泄露的一个主要渠道。在社交平台上可能泄露的信息包括个人基础信息、个人照片、社交关系、兴趣爱好、位置标签等。微博、微信、QQ、抖音、小红书等社交平台已经成为大众每天学习、工作、生活的"打卡地"。在使用这些社交平台时，人们可能会不自觉地泄露很多信息。部分网友喜欢在朋友圈打卡，比如晒出个人旅游的信息，包括个人旅游的照片、登机牌等，不仅可能让个人照片泄露，还可能使登机牌上的个人身份证号等信息泄露。案例 A 就是典型的在社交平台上泄露信息。

2. 在论坛等平台上泄露信息

在论坛网站上注册账号需要填写个人信息，可能包括手机号码、邮箱地址、QQ 号等。不法分子可能会通过 QQ 号等获取更多个人资料。

3. 在钓鱼网站上泄露信息

钓鱼网站就是用于非法收集个人信息的，对于那些在各类平台上都使用同一个账号和密码的用户来说风险非常大。因为在钓鱼网站上填写个人信息时，在录入邮箱地址、QQ 号等信息后，这个钓鱼网站的密码就和邮箱地址、QQ 号的密码一致，以致个人信息完全暴露。

4. 硬件设备丢失泄露信息

如果个人电脑、手机、平板、存储设备等硬件设备丢失，存储在这些设备中的个人信息就可能会泄露。

5.内部人员泄露信息

内部人员泄露敏感信息可能是个人失误,也可能是故意操作。案例 B 中的唐某就是故意为之,因此受到了法律制裁。

6.其他泄露信息的情况

生活中泄露信息的场景还有很多,例如在打印店打印资料后没有删除文件、个人简历中的个人信息过于具体、快递单的信息没有销毁等。

二、信息泄露的防范

1.有信息保护意识

在平时,不管是对本人的信息,还是他人的信息,或是单位的信息,都要时刻有信息保护意识,了解信息时代信息的重要价值。例如,个人身份证不外借,办理身份证复印业务的时候要注明使用范围等。

2.用强密码保障账号安全

不同平台使用不同的账号和密码,密码按照强密码的要求进行设置,使用密码管理器来管理多个密码,定期更改密码。

3.保护硬件设备安全

对于个人电脑、手机等硬件设备,使用屏幕锁功能,不轻易将个人设备借给陌生人使用。

4.经常备份数据

定期对数据进行备份,防止数据丢失或被勒索软件攻击。

三、法律对个人信息的保护

《中华人民共和国民法典》及《中华人民共和国刑法》均明确规定了对个人信息的保护,《中华人民共和国民法典》规定:

第一千零三十四条 自然人的个人信息受法律保护。

个人信息是以电子或者其他方式记录的能够单独或者与其他信息结合识别特定自然人的各种信息，包括自然人的姓名、出生日期、身份证件号码、生物识别信息、住址、电话号码、电子邮箱、健康信息、行踪信息等。

个人信息中的私密信息，适用有关隐私权的规定；没有规定的，适用有关个人信息保护的规定。

第一千零三十五条 处理个人信息的，应当遵循合法、正当、必要原则，不得过度处理，并符合下列条件：

（一）征得该自然人或者其监护人同意，但是法律、行政法规另有规定的除外；

（二）公开处理信息的规则；

（三）明示处理信息的目的、方式和范围；

（四）不违反法律、行政法规的规定和双方的约定。

个人信息的处理包括个人信息的收集、存储、使用、加工、传输、提供、公开等。

第一千零三十八条 信息处理者不得泄露或者篡改其收集、存储的个人信息；未经自然人同意，不得向他人非法提供其个人信息，但是经过加工无法识别特定个人且不能复原的除外。

《中华人民共和国刑法》规定：

第二百五十三条之一 违反国家有关规定，向他人出售或者提供公民个人信息，情节严重的，处三年以下有期徒刑或者拘役，并处或者单处罚金；情节特别严重的，处三年以上七年以下有期徒刑，并处罚金。

违反国家有关规定，将在履行职责或者提供服务过程中获得的公民个人信息，出售或者提供给他人的，依照前款的规定从重处罚。

窃取或者以其他方法非法获取公民个人信息的，依照第一款的规定处罚。

单位犯前三款罪的，对单位判处罚金，并对其直接负责的主管人员和其他直接责任人员，依照各该款的规定处罚。